HOLLAND

UND DIE HOLLÄNDISCHEN KOLONIEN

1884 Naßdampf - Zwilling - Tender - Lokomotive der Holländischen Staatsbahn

1902 Naßdampf-Zwilling-Schnellzug-Lokomotive der Holländischen Zentralbahn

1906 Naßdampf - Mallet - Verbund - Lokomotive für Feldbahnen auf Java — 600 mm Spur

1912 Naßdampf - Zwilling - Tender - Lokomotive der Niederländischen Eisenbahnen (H.S.M.)

Verlag Podszun-Motorbücher GmbH
Elisabethstraße 23-25, D-59929 Brilon
Email: info@podszun-verlag.de
Internet: www.podszun-verlag.de
Herstellung Druckhaus Cramer, Greven
ISBN 3-86133-337-6

Titelfotos: Alfred Gottwald (oben links), Udo Paulitz (oben rechts), Verlagsarchiv (unten) und Christoph Riedel (Rückseite)

Jahrbuch 2004 Lokomotiven

PODSZUN

Liebe Leserin, lieber Leser!

Wir freuen uns, Ihnen wieder interessante Themen rund um das Hobby Lokomotiven anbieten zu können. Dank gilt an dieser Stelle allen Autoren und Bildgebern, die in den letzten Wochen und Monaten mit Engagement und einer Menge Zeitaufwand gearbeitet haben, damit dieses Jahrbuch rechtzeitig zur Frankfurter Buchmesse 2003 erscheinen kann. Ein technischer Hinweis: Namentlich gekennzeichnet sind lediglich Abbildungen, die nicht von den jeweiligen Verfassern der Artikel stammen.

Dank gilt auch Ihnen, Liebe Leserin, lieber Leser, für Ihre Treue und für die vielen Zuschriften, in denen Sie Kritik äußerten und Anregungen lieferten. Wir freuen uns auf den Kontakt mit Ihnen und sind gerne bereit, Ihre Wünsche zu berücksichtigen.

Die meisten Verfasser dieser Ausgabe sind Eisenbahnfreunden seit langem als erfolgreiche Buchautoren bekannt: Dipl.-Ing. Stephan Kuchinke aus Nürtingen, Udo Paulitz aus Duisburg, Dipl.-Ing. Lothar Spielhoff aus Esslingen, Alfred Gottwald aus Berlin und Manfred Weisbrod aus Hartha. Christoph Riedel aus Lüdenscheid ist stellvertretender Schulleiter und fotografiert seit 40 Jahren Eisenbahnen. Als Hauptlokführer ist Stephan Zöllner aus Bestwig unterwegs, in der Freizeit hat er ebenfalls mit Lokomotiven zu tun – dann fotografiert er sie, ebenso wie sein Bruder Martin Zöllner, der als staatlich geprüfter Vermessungstechniker arbeitet.

Ihnen, liebe Leserin, lieber Leser, wünschen wir viel Vergnügen mit dem Jahrbuch und nicht vergessen: das nächste Jahrbuch Lokomotiven, die Ausgabe 2005, ist ab Oktober 2004 erhältlich.

Ihr Redaktionsteam „Jahrbuch Lokomotiven"

P.S.

Sie können das Jahrbuch Lokomotiven in Buchhandlungen oder direkt beim Verlag auch abonnieren.
Die Ausgaben 2002 und 2003 sind noch lieferbar. Fordern Sie unser kostenloses Gesamtverzeichnis mit Büchern über Lokomotiven, Baumaschinen, Lastwagen, Autos, Motorräder, Traktoren und Feuerwehrfahrzeuge an: Verlag Podszun-Motorbücher, Elisabethstraße 23-25, D-59929 Brilon
Fax 02961/2508, Email: info@podszun-verlag.de, Internet: www.podszun-verlag.de

MaK-Standard-lokomotiven

Die zweite Generation und die Sonderbauarten

von Stephan Kuchinke

Mitte der Sechzigerjahre ging die MaK in Kiel daran, die erste Standardreihe von Diesellokomotiven, die das Unternehmen nach dem Zweiten Weltkrieg entwickelt hatte, zu ersetzen. Es entstand die zweite Generation von Standardlokomotiven, die insgesamt fünf Bauarten umfasste. Ein mit der ersten Generation, damals noch Stangenlokomotiven, vergleichbarer Erfolg blieb jedoch aus. Die Lokomotiven trafen auf einen Markt, der durch die Beschaffungen der vergangenen Jahre gesättigt war. Deshalb baute die MaK nur 92 Maschinen der zweiten Generation, ehe sie durch einen neuen Standard abgelöst wurden.

Die Anforderungen verschiedener Besteller, ihre besonderen Betriebsbedingungen machten es manchmal notwendig, von Standardbauarten abzuweichen und eigene Konstruktionen zu verwirklichen. Daher entstanden auch bei MaK verschiedene Sonderbauarten, die sich teilweise recht stark an Konstruktionen für die Deutsche Bundesbahn anlehnten. Neben einer Stangenlok speziell für die Bedürfnisse von Hüttenwerken umfasste das Angebot des Kieler Unternehmens auch auf den DB-Baureihen V 100 und V 90 aufbauende Fahrzeuge. Doch die Unterschiede zu den Staatsbahnbaureihen waren so groß, dass eine Ähnlichkeit kaum auffiel.

Standardlokomotiven der zweiten Generation

Mit dem in den Fünfzigerjahren entwickelten Baukasten für Stangenlokomotiven hatte die MaK einen großen Anteil am deutschen Lokomotivmarkt gewinnen können. In der Zwischenzeit war aber die Technik weiterentwickelt worden und das Antriebskonzept des alten Baukastens entsprach knapp zehn Jahre nach der Konstruktion nicht mehr den aktuellen Möglichkeiten.

Mittlerweile hatten zahlreiche Lokomotivfabriken Erfahrungen mit dieselhydraulischen Lokomotiven mit Gelenkwellen, die MaK selbst entwickelte in den späten Fünfzigern für die DB die beiden V 100-Bauarten, die dann bis 1966 in großen Stückzahlen in den Verkehr kamen. Auch die Privat- und Werksbahnen wünschten sich neue Fahrzeuge mit dieser Tech-

Bauart G 320 B: Die V 35 der Dürener Kreisbahn 1997 in Düren Foto: Michael Stoecker

nologie, was das langsame Ende der Bauarten mit Stangenantrieb zur Folge hatte. Die MaK baute ihre letzte Stangenlok 1967 mit einer 240 B aus dem ersten Baukasten.

Bereits 1965 war die erste Lok der neuen Generation von Standardlokomotiven entstanden, eine G 320 B. Diese Generation sollte bis 1969 durch vier weitere Bauarten ergänzt werden, wobei sich die beiden dreiachsigen und die beiden vierachsigen Varianten nur durch den Motor unterschieden. Der durchschlagende Erfolg, wie der erste Baukasten, wurde dieses Typenprogramm nicht. Von den fünf Bauarten fertigte die MaK bis 1978 lediglich 92 Maschinen, im Gegensatz dazu brachte es der erste Baukasten mit 13 Bauarten auf über 400 Lokomotiven.

Obwohl die Lokomotiven damals dem neuesten Stand der Technik entsprachen, blieb der Absatz gegenüber den guten Jahren des ersten Baukastens weit zurück. Dies lag nicht an den Lokomotiven selbst, sondern an den Randbedingungen, auf die die neuen Konstruktionen der MaK Mitte der Sechzigerjahre stießen. Die große Zeit des Strukturwandels bei Privat- und Werksbahnen war vorbei. Jede Gesellschaft hatte mit den Angeboten der Fünfzigerjahre die Dampflokomotiven weitgehend abgelöst, die neuen Dieselloks waren gerade einmal zehn Jahre alt. Niemand dachte daher an eine Neubeschaffung, selbst wenn genug Geld zur Verfügung gestanden hätte. Die zweite Generation der MaK-Standardlokomotiven wurde daher nicht zum großen Erfolg. Erst in den Siebzigerjahren, mit der dritten Generation, änderte sich das wieder, denn jetzt waren die ersten Dieselloks zu ersetzten.

Ein wenig Technik

Nachdem die MaK in den Fünfzigerjahren noch den Antrieb der Diesellokomotiven über Kuppelstangen den Vorzug gegeben hatte, besaßen die Fahrzeuge des zweiten Baukastens ausschließlich Gelenkwellenantrieb. Die Deutsche Bundesbahn hatte sehr frühzeitig auf diese nach dem Krieg noch neue Bauart gesetzt und gute Erfolge erzielt. Außerhalb Deutschlands wurde diese Technologie selten angewandt, man bevorzugte die elektrische Kraftübertragung, die einen Aufbau des Antriebes wie bei elektrischen Lokomotiven erlaubte.

Der Motor einer Diesellokomotive treibt ein hydraulisches Getriebe an, dieses wiederum wirkt über die Gelenkwellen auf die Achsen.

Eine Gelenkwelle ist nach der technischen Definition eine nichtschaltbare Kupplung, die Drehmomente auch zwischen winklig zueinander stehenden Wellen übertragen kann. Das Element, das dieses erst ermöglicht, ist das Kreuzgelenk (in der Literatur auch Kardangelenk genannt). Es besteht aus einem namensgebenden Kreuz, an dessen Enden kreuzförmig jeweils eine Welle mittels einer Gabel befestigt ist. Dieses Gelenk ist als Maschinenelement bei spezialisierten Herstellern in verschiedensten Ausführungen (je nach Drehzahl und Belastung) erhältlich. Der Anwender muss lediglich eine Welle, die seinen Zwecken entspricht, anflanschen.

Der größte Nachteil dieses Elementes ist aber der Kardanfehler. Durch die Bauart bedingt dreht sich die Abtriebswelle zwar in gleicher Drehrichtung und Drehzahl, aber nicht ganz gleichförmig. Es entsteht im Abtrieb ein sinusförmiger Verlauf. Durch Anordnung eines zweiten Kreuzgelenkes kann dieser Sinus wieder in eine gleichförmige Drehung gewandelt werden. Hierzu sind aber drei Bedingungen zu erfüllen. Alle Wellenteile (Antrieb, Zwischenwelle und Abtrieb) müssen in einer Ebene liegen, der Ablenkwinkel der beiden Kreuzgelenke muss gleich sein und die inneren Gabelgelenke müssen in einer Ebene liegen (d. h. sie dürfen nicht gegeneinander verdreht sein).

Die Anzahl der Kreuzgelenke ist abhängig vom Aufbau der Antriebsanlage. Die erste deutsche Gelenkwellenlok war noch aufwendig aufgebaut. Die Baureihe V 80 hat im Hauptstrang der Kraftübertragung insgesamt 14 Kreuzgelenke, hinzu kommen noch deren vier zum Antrieb von Hilfsaggregaten. Zwischen der Schwingmetallkupplung des Motors und der Antriebseite des hydraulischen Getriebes unter dem Führerstand befindet sich die erste Gelenkwelle. Diese konnte sowohl horizontal als auch vertikal eben ausgeführt werden. Von der Abtriebsseite des Getriebes übertragen lange Gelenkwellen in Z-Anordnung (nach dem Zeichnungsbild in Form eines Z) das Moment zu den beiden Umschalt- und Verteilergetrieben. Aufgrund der Platzverhältnisse gelang es jedoch nicht die vergleichsweise langen Wellen in einer Ebene zu lagern. Der Kardanfehler konnte aber auf ein erträgliches Maß beschränkt werden. Zwischen den beiden UV-Getrieben und den vier Achstrieben fanden kurze Gelenkwellen in W-Anordnung Platz. Durch die ebene Lage in Fahrzeuglängsachse gibt es hier keinen Kardanfehler.

Durch die Abmessungen stellten vor allem die langen Wellen hinter dem hydraulischen Getriebe

Neuland dar. Um alle störenden Einflüsse durch die Fahrzeugdynamik (Kurvenfahrt, Federweg, etc.) von diesen fernzuhalten, sind beide (ebenso wie das UV-Getriebe) an den Endpunkten vollständig im Rahmen der Lokomotive gelagert. Auch besitzen sie keinen Längenausgleich durch ein Schiebestück, da ansonsten die Betriebsdrehzahl zu nahe an der kritischen Drehzahl (der ersten Eigenfrequenz – mit der entsprechenden zerstörerischen Wirkung) gelegen hätte.

Sämtliche Bewegungen der Lokomotive im Gleisbogen und durch den Federweg gleichen die kurzen Gelenkwellen zu den Achstrieben aus. Beim Einfedern der Lok tritt kein Einfluss auf den Kardanfehler auf (auch bedingt durch die W-Anordung), bei Bogenfahrt aber trifft am Radsatz ein unmerklich ungleichförmiges Drehmoment ein.

Die Erfahrungen mit der V 80 brachten ein neues Konzept, dem alle neueren Lokomotiven folgen. Das hydraulische Getriebe lag nun tief zwischen den Achsen bzw. Drehgestellen. Je eine deutlich dickere Gelenkwelle läuft von den beiden Abtrieben horizontal auf die Achsgetriebe zu. Liegt noch eine weitere Achse jenseits der angetriebenen, hat das Achsgetriebe einen Durchtrieb, d.h. neben dem Antrieb der Achse gibt es noch eine Abtrieb nach außen hin. Dort greift eine weitere Gelenkwelle an, die die nächste Achse antreibt. Während bei Starrrahmenloks die Gelenkwellen für den Ausgleich des Federweges sorgen, müssen sie bei Drehgestelllokomotiven auch dem Ausschlag der Drehgestelle folgen.

Alle Achsen einer so aufgebauten Gelenkwellenlok sind miteinander verbunden. Lediglich dann, wenn die Maschine, wie beispielsweise die Baureihe V 200, zwei getrennte Maschinenanlagen hat, die auf jeweils ein Drehgestell wirken, ist dies nicht der Fall.

Die Standardbauart G 320 B

Die G 320 B der Standardbaureihe richtete sich als Angebot hauptsächlich an Industriebahnen. Sie ist als Nachfolger der Stangenbauart 240 B anzusehen.

Zunächst entstand eine Bauserie mit fünf Maschinen, die von den späteren Serienloks abwichen. Sie waren nicht nur kürzer und hatten einen geringeren Achsstand, sondern auch ein anderes hydraulisches Getriebe. Besonders auffällig ist das breite Führerhaus, das im unteren Teil abgeschrägt ist um wieder die Breite des Umlaufes zu erreichen.

Ab 1967 enstanden dann noch einmal zwölf Maschinen in der endgültigen Form, die sich optisch

Bauart G 320 B: Die MaK-Werkstätte in Moers unterhält eine Vielzahl von Lokomotiven für Privatbahnen. Die V 35 der Dürener Kreisbahn wurde 1968 aus Kiel an die Jülicher Kreisbahn geliefert Foto: Günther Barths

kaum von den anderen Fahrzeugen dieses Typenprogrammes unterschieden.

Alle G 320 B hatten einen Motor von Daimler-Benz, der in der Standardausführung 350 PS leistete. Auf Wunsch konnten die Lokomotiven auch mit geringerer Leistung geliefert werden, wovon einmal Gebrauch gemacht worden ist. Es handelt sich dabei um einen schnelllaufenden Dieselmotor mit 1600 1/min. Das Aggregat wirkt auf ein hydraulisches Getriebe. Die ersten fünf Lokomotiven hatten ein solches von Hurth, die Bauart Certomat III. Bei den späteren Maschinen griff die MaK wieder auf das Angebot der Firma Voith zurück und baute das L320 ein.

Die Lokomotiven hatten ein Dienstgewicht von 36 bis 40 t, eine Höchstgeschwindigkeit von 33 bis 60 km/h und konnten Gleisbögen bis zu einem Radius von 40 m befahren.

Zu den Kunden für die G 320 B zählten mit wenigen Ausnahmen Industriebetriebe. Lediglich drei Maschinen der ersten Serie und eine der zweiten lieferte die MaK an Privatbahnen. Neben der Jülicher Kreisbahn, die die jeweils erste Lok der Serien nach einer Erprobung durch den Hersteller erhielt, kauften die Verkehrsbetriebe des Rhein-Sieg-Kreises zwei Maschinen. Alle anderen kamen zu Industriebetrieben.

Hauptabnehmer waren mit sieben Lokomotiven die Krupp Hüttenwerke. Zunächst erhielt Krupp eine Lok der ersten Serie im Jahr 1965, während die sechs anderen allesamt 1974 gebaut wurden. Vier G 320 B

Bauart G 500 C: Die Vereinigte Schweizer Rheinsalinen in Riburg setzt eine 1965 gelieferte MaK-Lok ein. Im Sommer 2001 wurde sie in Moers untersucht
Foto: Günther Barths

kaufte zwischen 1966 und 1971 das Luxemburger Stahlwerk Arbed. Einzelstücke erhielten schließlich die Donau Chemie in Wien und die Deutsche Shell, diese Lok in explosionsgeschützter Ausführung, wie sie für Raffinerien und ähnliche Werke vorgeschrieben ist.

Im Laufe der Zeit wechselten die Lokomotiven teils mehrfach ihre Besitzer. Die erstgebaute G 320 B kam 1968 in die Schweiz zur Stadt Luzern, später verkaufte man sie an eine Papierfabrik, 1999 schließlich kehrte sie zu OnRail nach Deutschland zurück. Die beiden Maschinen der Jülicher Kreisbahn kamen nach Italien, während Krupp eine Lok an die Dortmunder Eisenbahn verkaufte, die aber zwischenzeitlich wieder bei einer Werksbahn tätig ist.

Die Standardbauart G 500 C

Die G 500 C stellte die stärkere Industriebauart im Baukasten dar. Sie bildete eine Grundbauart mit der G 700 C, beide Bauarten unterschieden sich nur im Motor voneinander.

Um die Leistung von 530 PS im Typenprogramm unterzubringen war die Verlängerung des zweiachsigen Fahrgestells notwendig. Wegen des damit höheren Gewichtes, auch durch den größeren Motor bedingt, wurde eine dritte Achse notwendig. Wegen des Getriebes, das zwischen der zweiten und dritten Achse liegt, musste der Achsstand unsymetrisch ausgeführt werden. Dadurch rückte die mittlere Achse an die ersten heran. Die Lokomotive wuchs in der Länge gegenüber der G 320 B um knapp 1400 mm an.

Die G 500 C wurde mit einem langsamlaufenden Motor aus MaK-Fertigung ausgerüstet. Dieses 530 PS stärke Aggregat wirkte auf ein Getriebe von Voith. Die Maschinen waren zwischen 55 und 60 t schwer und 35 bis 43 km/h schnell.

Von dieser Bauart fertigte die MaK zwischen 1966 und 1975 insgesamt 22 Lokomotiven, die ausschließlich an Industriebetriebe gingen. Wiederum nahm Krupp mit zehn Maschinen die größte Menge ab. Weitere Besteller waren die Vereinigten Schweizer Rheinsalinen, die Gewerkschaft Sophia-Jacoba (drei Lokomotiven), die Zuckerfabrik Uelzen, die Städtischen Häfen Hannover, die Klöckner Werke in Bremen (zwei Lokomotiven), die Sachtleben Chemie, die Stahlwerke Südwestfahlen (zwei Lokomotiven) und die Veba Chemie.

Im Laufe der Jahre fanden einige Lokomotiven auch den Weg zu Privatbahnen, obwohl die Konstruktion eigentlich nur für Industriebahnen gedacht war.

Die Standardbauart G 700 C

Die G 700 C entsprach mit Ausnahme des Motors der G 500 C. Unter Verwendung des Fahrwerkes der schwächeren Standardlok entstand durch die Verwendung eines aufgeladenen Motors eine leistungstärkere Variante, die sich optisch nicht unterschied.

Die insgesamt 14 gebauten G 700 C gingen zwischen 1966 und 1975 an mehrere Industriebetriebe und Privatbahnen.

Die beiden erstgelieferten Lokomotiven gingen im Dezember 1966 an das Luxemburgische Stahlwerk Arbed, das später noch zwei weitere erhielt. Die Ilseeder Hütte setzte eine Lok ein, ebenso wie die Städischen Häfen Neuss und die Werksbahn Wolff Walsrode. Zwei Maschinen bekamen die Verkehrsbetriebe Siegkreis. Direkt nach Italien geliefert wurde eine G 700 C für die Societa Veneta Autoferovia Padova, sie war auch die letztgebaute Maschine im Jahr 1977. Die Voest-Alpine Montan AG in Österreich verkaufte ihre direkt aus Kiel gelieferte Lok später an die Graz-Köflach-Bahn weiter.

Drei weitere Fahrzeuge baute die MaK als Mietloks und vermietete sie an Krupp Stahl, ehe sie an die Städtischen Häfen Essen, die EVB und die Krefelder Verkehrs AG verkauft wurden.

Die Standardbauart G 850 BB

Mit der G 850 BB hatte die MaK eine 850 PS starke Drehgestell-Lokomotive im Programm. Der Motor war von der G 700 C übernommen und nochmals etwas leistungsgesteigert. Die Lok hat eine Länge von 12 200 mm, die Drehzapfen der beiden Drehgestelle liegen 5500 mm auseinander, der Drehgestellachsstand beträgt 2500 mm. Außergewöhnlich bei dieser Bauart ist die Verwendung eines Drehzapfens, was im Allgemeinen in Deutschland nicht mehr üblich war. Aus Platzgründen entschieden sich die Konstrukteure meißt für Lenkgestelle.

Die G 850 BB wurde nahezu ausschließlich für die Stahlwerke der luxemburgischen Arbed gebaut, die zwischen Dezember 1966 und Dezember 1974 insgesamt 19 Maschinen bezogen. Daneben ging eine Lokomotive an die Stahlwerke Röchling-Burbach, die später zur Völklinger Hütte umgesetzt wurde. Die Klöckner Stahl kaufte 1973 eine G 850 BB, zwei Lokomotiven gingen nach Italien.

Bauart G 700 C: Die letzte gelieferte G 700 C ging fabrikneu an eine italienische Privatbahn. Im August 1998 steht sie in Bologna – Porto Maggiore

Foto: Günther Barths

Bauart G 700 C: Die Arbed Stahlwerke in Luxemburg setzten mehrere Lokomotiven der zweiten Generation ein. Die Lok 3 war die erstgebaute G 700 C
Foto: Joh.-Wolfgang Schmidt

Bauart G 700 C: Die Verkehrsbetriebe Peine-Salzgitter setzten mit der 711 eine G 700 C ein. Die Lok wurde 1984 nach Italien verkauft
Foto: Joh.-Wolfgang Schmidt

Die Standardbauart G 1100 BB

Die G 1100 BB entsprach mit Ausnahme des Motors und des Getriebes wiederum der G 850 BB. Zur Leistungssteigerung wurde der Motor mit einer höheren Aufladung und einer Ladeluftkühlung versehen. Damit konnten nun 1100 PS erreicht werden. Das Aggregat fertigte die MaK, wie bei allen Standardlokomotiven über 500 PS Leistung selbst.

Die erste G 1100 BB lieferte das Kieler Werk 1969 an die Deutsche Solvay. Diese Lok ist mittlerweile nach mehreren Eigentümerwechseln in Italien.

Im Gegensatz zur G 850 BB interessierten sich aber auch zahlreiche Privatbahnen für diese Type. So bekam auch die Wanne-Bochum-Herner Eisenbahn noch 1969 eine Maschine, gefolgt von einer weiteren im Jahr 1973. Größter Abnehmer war aber die Eisenbahn Altona-Kaltenkirchen-Neumünster nördlich von

Hamburg. Aus der Kieler Fertigung kamen vier Lokomotiven zur AKN, die sie im Güterverkehr einsetzt. Die Bentheimer Eisenbahn bestellte zwei G 1100 BB, während die Verkehrsbetriebe Peine-Salzgitter eine abnahmen.

Die Klöckner Stahl kaufte für die Hütte Bremen zwei Lokomotiven, die Hafen- und Verkehrsbetriebe Kiel nahmen 1978 die letzte im Kundenauftrag gebaute G 1100 BB ab. Daneben ging eine Lok direkt nach Italien.

Die beiden letzten Maschinen baute die MaK als Mietloks, die bei verschiedenen Werks- und Privatbahnen zum Einsatz kamen, darunter auch kurzzeitig die Tegernseebahn in Bayern.

Spezielle Entwicklungen

Neben den Standardbauarten aus dem ersten Baukasten und der ersten Gelenkwellenlok-Generation sowie den Fahrzeugen für die Deutsche Bundesbahn entwickelte die MaK auch einige Bauarten, die einerseits speziellen Bedürfnissen entsprachen oder auf der Grundlage der Arbeiten für die DB eigene Ideen verfolgten. Eine gewisse Sonderstellung nahm hier das Einzelstück G 2000 BB ein, das ein Konkurrenzentwurf zur V 200 war. Daneben entstanden speziell für die Anforderungen von Hüttenwerken die Bauarten 600 C und 650 C.

Die Hüttenlokomotiven 600 C und 650 C

Die Bauarten 600 C und 650 C entstanden speziell für die Belange von Hüttenwerken. Sie besitzen einen kurzen Achsstand von lediglich 3000 mm bei einer Gesamtlänge von 8400 mm und eine außen liegende Blindwelle. Durch diese Fahrwerksanordnung ist es dieser Bauart möglich, enge Bögen zu durchfahren. Die Vorbauten sind niedrig, damit vom Führerstand aus die Lok gut überblickt werden kann.

In den Jahren 1960 bis 1962 baute die MaK sieben 600 C und zwei 650 C. Abnehmer waren vor allem die Dortmunder Eisenbahn und die Maxhütte in Sulzbach-Rosenberg. Mit Ausnahme des Motors aus MaK-Fertigung waren beide Bauarten identisch. Während die 600 PS starke 600 C einen unaufgeladenen Motor hatte, besaß die 650 C ein Aggregat mit Aufladung, beide langsamlaufend mit 750 1/min. Die Kraftübertragung zur Blindwelle übernahm ein hydraulisches Getriebe von Voith. Die Lokomotiven hatten eine für ihre Einsätze angemessene Höchstgeschwindigkeit von 31 km/h und wogen 50 t.

Die Dortmunder Eisenbahn, hauptsächlich in der Verbindung von Hüttenwerken in Dortmund tätig, ließ 1960 drei 600 C bauen, denen weitere drei folgten. Ihre sechs Maschinen verkaufte die DE um 1980. Während eine Lok zur Maxhütte kam, sind deren zwei zur Zeit in Italien. Eine weitere der ehemaligen

Bauart G 1100 BB: Die letztgebaute G 1100 BB ging 1979 an die Niederrheinischen Verkehrsbetriebe. Im Jahr 2001 stand sie bei der MaK in Moers
Foto: Michael Stoecker

Bauart G 1100 BB: Die Lok 1121 der Verkehrsbetriebe Peine-Salzgitter versah den Güterverkehr der Stahlwerke im Peine

Foto: Joh.-Wolfgang Schmidt

Bauart G 1100 BB: Die Lok 31 der NIAG gehörte einst zu den G 1100 BB der Eisenbahn Altona-Kaltenkirchen-Neumünster

Foto: Günther Barths

Bauart G 1100 BB: Zunächst an die Deutsche Solvay geliefert, später nach Dänemark verkauft gehört die 1969 gebaute G 1100 BB seit 2001 einem italienischen Unternehmen. Während der Überführung im Juni 2001 bei Leutersdorf am Rhein

Foto: Günther Barths

DE-Loks ist in die Schweiz zu einem Stahlwerk gelangt. Die beiden anderen sind nach Zwischenstationen bei einer Industriebahn und der Heidelberger Zement inzwischen verschrottet worden.

Die Maxhütte in Sulzbach-Rosenberg erwarb von der MaK zwei Lokomotiven (darunter eine der zwei 650 C), eine weitere kaufte das Unternehmen 1968 von der Dortmunder Eisenbahn. Nach dem zwischenzeitlichen Konkurs und der Betriebseinstellung sind die Lokomotiven mittlerweile in der Konkursmasse, teilweise bereits als Ersatzteilspender ausgeschlachtet.

Die Werksbahn von Wolff Walsrode bestellte eine 650 C, die über Jahre im Werksverkehr eingesetzt wurde. Nach der Abstellung erwarb sie die Dampfzug-Betriebs-Gemeinschaft e. V. in Hildesheim.

Bauart 650 C: Als einzige 650 C war die Lok 7 der Werksbahn Wolff Walsrode nicht bei einem Stahlwerk im Einsatz

Foto: Dampfzug-Betriebs-Gemeinschaft Hildesheim

Die G 2000 BB

Die zweimotorige G 2000 BB hatte zumindest äußerlich starke Ähnlichkeiten mit der V 80, entstand aber als Konkurrenz zur V 200 und sollte einfacher und robuster sein. Das Grundkonzept lehnte sich an die V 80 mit einem Mittelführerhaus an, der Aufbau wurde jedoch nicht in die tragende Struktur einbezogen. Die Lokomotive hatte zwei Maschinenanlagen mit mittelschnelllaufenden MaK-Motoren mit zunächst 800 PS, die Leistung konnte später auf 2 x 1000 PS gesteigert werden. In Kiel setzte man große Hoffnungen in das unter der Fabriknummer 2000 001 gebaute Fahrzeug, daher strebte man nach einer umfangreichen Erprobung bei der Bundesbahn. Diese erfolgte auch, die Lok kam nach der Fertigstellung im Sommer 1954 nach einigen Probefahrten und Verbesserungen schließlich ab April 1955 in den Plandienst. Zunächst fuhr sie für die BD Hamburg Expressgut-Züge und anschließend für einige Zeit Schnellzüge. Im Juni kam die 2000 001 zum Bw Frankfurt-Griesheim und ersetzte dort für einige Tage eine V 200. Trotz gewisser Vorteile konnte sich der MaK-Typ gegenüber der V 200 nicht durchsetzten.

Danach erprobte MaK die Maschine noch bei der Rheinischen AG für Braunkohle im schweren Güterzugdienst und Ende 1956 sechsachsig auch in Norwegen, schließlich auch wieder in Deutschland auf

Bauart 650 C: Die ehemalige Werkslok von Wolff Walsrode ist heute als Museumslok im Einsatz

Foto: Dampfzug-Betriebs-Gemeinschaft Hildesheim

Bauart G 2000 BB: Die G 2000 BB war ein Konkurrenzentwurf zur V 200. Die Deutsche Bundesbahn erprobte die Lok zwar, doch beschaffte sie die V 200 weiter Foto: MaK; Sammlung ILA Barths

Staatsbahngleisen. Ihren letzten Einsatz hatte die Lok ab Sommer 1959 in Finnland auf Breitspur. Trotz zufriedenstellender Ergebnisse kam es zu keinem Auftrag aus Finnland. Der Einzelgänger wurde schließlich 1961 verschrottet.

Die G 1300 BB

Die G 1300 BB ist eine Variante der V 100 der Deutschen Bundesbahn. Die MaK hatte 1958 nach umfangreichen Konstruktionsarbeiten die ersten sechs Lokomotiven der Baureihe V 100 an die DB geliefert. Damit verfügte die Staatsbahn über eine Nebenbahnlok mit 1100 PS, aus der schließlich kurz darauf eine Variante mit 1350 PS abgleitet wurde. Von beiden Baureihen bestellte die DB bei verschiedenen Herstellern 755 Maschinen, die MaK fertigte davon 310. Allerdings verlangte die Staatsbahn für die Lokomotiven einen schnelllaufenden Dieselmotor von Daimler-Benz oder Maybach, den die MaK zukaufen musste.

Diese Konstruktion nahm das Kieler Werk allerdings zum Vorbild für eine Bauart, die 1963 erstmals gefertigt wurde. Während der Rahmen nebst dem Antriebsstrang (außer den Achstrieben) ab dem Getriebe der V 100 entsprach, passte man den Aufbau und den Antrieb an die MaK-Gepflogenheiten an. Als Antriebsaggregat verwendeten die Konstrukteure einen 1300-PS-Motor aus eigener Fertigung mit einer Drehzahl von 900 1/min, die beiden Motorbauarten der V 100 hatten 1500 1/min. Wegen der niedrigeren Eingangsdrehzahl musste auch ein leicht verändertes hydraulisches Getriebe eingebaut werden, dass sich aber in den Hauptbauteilen nicht von der Ausgangskonstruktion unterschied. Durch eine Veränderung der Abtriebsdrehzahl (durch eine veränderte Übersetzung des an den hydraulischen Teil anschließenden, nicht schaltbaren mechanischen Getriebes) konnte die Zugkraft der Lokomotiven um einiges erhöht werden. Dabei sank aber auch die Höchstgeschwindigkeit, was aber beim potentiellen Kundenkreis kaum Probleme bereitete. Während die Grundkonstruktion V 100 auf eine Höchstgeschwindigkeit von 100 km/h kam, fuhr die G 1300 BB maximal 80 km/h. Neben der Antriebsanlage bildete jedoch der Aufbau der Lok den Hauptunterschied zur V 100. Bei der neuen Entwicklung zeigte das Führerhaus, das um einiges nach hinten gerückt war, deutliche Ähnlichkeiten mit den Maschinen des ersten Baukastens. Neben der Grundform gehörte auch die Tür in der linken Seite der Front zum Standard dieser Konstruktionen aus den Fünfzigerjahren. Damit konnte der Lokführer nicht direkt zur Seite absteigen, sondern musste zunächst auf dem Umlauf nach vorne oder hinten gehen und über die Rangierertritte die Lok verlassen. Diese Form ist noch heute ein Merkmal nahezu aller MaK-Konstruktionen. Eine weitere Veränderung gegenüber der V 100 betraf die elektrische Anlage innerhalb der Maschine, die mit 24 V Spannung gegenüber 110 V dem DB-Standard entsprach.

Die so veränderte Konstruktion hatte für die MaK den Vorteil, dass ein Großteil der Wertschöpfung im eigenen Haus geschehen konnte, lediglich das hydraulische Getriebe von Voith musste zugekauft wer-

Bauart G 1300 BB: Die Lok 1301 der Verkehrsbetriebe Peine-Salzgitter ist mittlerweile nach Italien verkauft worden

Bauart G 1300 BB: Die Lok V der Neusser Eisenbahn wurde ursprünglich für ein norwegisches Unternehmen gebaut und kehrte 1987 nach Deutschland zurück

Foto: Michael Stoecker

Bauart G 1300 BB: Die Hohenzollerische Landesbahn setzt zwei MaK-Lokomotiven im schweren Güterverkehr ein

Foto: Frank von Meissner

Bauart G 1300 BB: Haupteinsatzgebiet der HzL-G 1300 BB sind die Salzzüge von Stetten nach Ulm Foto: Frank von Meissner

den, während wagenbaulicher Teil, Motor und Achstriebe in Kiel gebaut wurden.

Die zunächst als V 100 PA (für V 100 Privatbahnausführung) bezeichnete Bauart, die später die Bezeichnung G 1300 BB erhielt und in der Fabriknummernreihe 1000 gebaut wurde, konnte in einigen Varianten geliefert werden. Die Hauptvariante war sicherlich die Möglichkeit, neben dem Standardgetriebe ein solches mit einer Umschaltung zwischen Schnell- und Langsamgang einzubauen. Damit konnte im Güterverkehr die Zugkraft auf Kosten der Höchstgeschwindigkeit weiter erhöht werden. Eine G 1300 BB fuhr im Langsamgang 54 km/h, die Hälfte der gelieferten Maschinen hatte das schaltbare Getriebe. Daneben konnte auch eine Heizanlage für die Zugheizung eingebaut werden. Sie fand ihren Platz im kurzen hinteren Vorbau. Von dieser Möglichkeit machte aber nur ein Besteller Gebrauch. Insgesamt fertigte die MaK nur zehn Lokomotiven der Bauart.

Die erste G 1300 BB erhielt die Eisenbahn Köln-Mühlheim – Leverkusen im Jahr 1963 und setzt sie seitdem als 105 im Güterverkehr ein. Die EKML gehört vollständig dem Bayer-Konzern und sorgt nahezu ausschließlich für den Werksverkehr nach Leverkusen, daneben gab es aber auch einen öffentlichen Personenverkehr (bis 1972), der Endbahnhof lag jedoch auf Bayer Werksgelände. Die auch als Bayer-Bahn bekannte EKML besaß in den Sechzigerjahren noch einige kleinere zwei- und dreiachsige Lokomotiven, die 105 wurde erst nach 20 Jahren durch drei neue MaK-Lokomotiven der dritten Generation ergänzt.

Mit insgesamt drei Maschinen hatte die Teutoburger-Wald-Eisenbahn den größten Bestand an G 1300 BB. Alle drei Lokomotiven baute die MaK 1968. Die TWE bestritt mit den Lokomotiven den umfangreichen Güterverkehr auf der nahezu 100 km langen Strecke. Daneben standen noch verschiedene ältere MaK-Lokomotiven aus dem ersten Baukasten zur Verfügung. Die als V 131 bis V 133 bezeichneten Maschinen wurden nachträglich mit Mehrfachsteuerung ausgestattet. Jeweils eine Lokomotive ging in den Jahren 1989 und 1991 an die Rinteln-Stadthagener Eisenbahn, wovon eine Maschine mittlerweile der Regionalbahn Bitterfeld gehört.

Zwei G 1300 BB bestellte die Hohenzollerische Landesbahn als Ergänzung ihres Fahrzeugparkes aus Stangenlokomotiven der MaK und der Maschinenfabrik Esslingen. Die beiden als V 122 (Baujahr 1964) und V 124 (Baujahr 1969) bezeichneten Lokomotiven sorgten für den schweren Güterverkehr, der hauptsächlich aus Salzzügen aus Stetten bei Haigerloch besteht. Durch die Ausweitung des HzL-Güterverkehrs auf einige DB-Strecken werden die beiden G 1300 BB auch durch die fünf später von Kaelble Gmeinder und Krauss-Maffei beschafften Maschinen nicht aufs Abstellgleis verdrängt werden können.

Eine G 1300 BB kaufte die Peine-Ilseeder Eisenbahn, die als Werksbahn der Ilseeder Hütte fungierte, für ihren Güterverkehr. Sie kam 1966 zur Gesellschaft und wurde 1982 nach Italien verkauft.

Die einzige Lok dieser Bauart mit Heizkessel bekam 1965 die Hersfelder Kreisbahn. Die HKB war bis zum Fall der Mauer die einzige Möglichkeit, das bei Heimboldshausen geförderte Kali-Salz ohne Berührung der DDR abfahren zu können. Daher liefen auch einige der Züge über die Privatbahn, die entsprechend leistungsstarke Lokomotiven benötigte. Die als V 32 bezeichnete G 1300 BB kam aber neben dem Güterverkehr auch vor Personenzügen zum Einsatz, was den Heizkessel bedingte. Bereits früher hatte die HKB zwei 850-PS-Stangenlokomotiven von Henschel erworben, so dass der Gesellschaft nun drei Diesellokomotiven zur Verfügung standen. Die beiden Henschel-Maschinen wurden in den Siebzigerjahren durch zwei ehemalige DB-Lokomotiven ersetzt, neben der ex 232 001 kam so die ehemalige 280 010, gebaut von MaK, zur Hersfelder Kreisbahn. Die V 80 konnte aber nicht überzeugen, so dass sie durch die ex 216 004 ersetzt wurde. Ende der Achtzigerjahre griff die Gesellschaft wieder auf zwei Neubauten aus Kiel aus der dritten Generation von Standardlokomotiven in Form der DE 1002 zurück, um die alten ex-DB-Lokomotiven zu ersetzen. Die letzten Jahre wickelten damit drei MaK-Lokomotiven den Güterverkehr ab. Durch die Wiedervereinigung verlor die HKB relativ schnell ihre Bedeutung, was letztendlich zur Stilllegung der Strecke führte. Die V 32 kam schließlich zur Butzbach-Licher-Eisenbahn.

Zwei weitere G 1300 BB lieferte die MaK in den Jahren 1965 und 1966 an eine schwedische Gesellschaft. Beide Lokomotiven fanden 1978 den Weg nach Dänemark, um schließlich 1987 zurück nach Deutschland zu kommen. Während die ältere Lok seit 1992 der Neusser Eisenbahn gehört, gelangte die jüngere nach Berlin. Im Jahr 1995 wechselte sie schließlich zu Midgard nach Nordenham.

Die G 1600 BB

Ähnlich wie die G 1300 BB basiert die G 1600 BB auf einer DB-Baureihe. Zum Vorbild nahm sich die MaK hier die 290. Wiederum wurde das Fahrwerk übernommen, ein eigener Motor und ein neuer Aufbau verwendet. Allerdings bekam die MaK-Bauart einen wesentlich leistungsfähigeren Motor, der gegenüber der 290 mit 1100 PS auf 1600 PS Leistung kam.

Die Deutsche Bundesbahn hatte sich in den Sechzigerjahren von MaK eine schwere Rangierlok entwickeln lassen und als V 90 in Dienst gestellt. Aufbauend auf diese Konstruktion baute das Kieler Werk auch fünf Lokomotiven, die als Privatbahn-Variante gedacht waren, mit einem Motor aus eigener Fertigung. Sie trugen daher auch die Typenbezeichnung V 90 P. Allerdings hielt sich das Interesse in Grenzen, lediglich die Dortmunder Eisenbahn erwarb zwei der Maschinen. Die drei anderen gingen leihweise zur DB, die sie umfangreich erprobte. In den Siebzigerjahren bestellte die DB diese Bauart als 291.

Bauart G 1300 BB: Die G 1300 BB der HzL verkehren als V 122 und V 124 Foto: Frank von Meissner

Auf Basis der V 90 P entwickelte die MaK nun die G 1600 BB, die mit 16 gebauten Lokomotiven ihren Platz bei Privatbahnen fand.

Mit insgesamt sechs Maschinen ist die Dortmunder Eisenbahn, die bereits zwei der Prototypen, die der V 90 noch wesentlich ähnlicher sahen, übernommen hatte, der größte Abnehmer für die G 1600 BB. Die DE besorgt in Dortmund den Güterverkehr für zahlreiche Industriebetriebe und benötigt dafür eine größere Zahl von leistungsfähigen Lokomotiven. Die 1975 gelieferten Maschinen sind als 022 bis 024, die 1976 gebauten G 1600 BB als 026 bis 028 eingeordnet. Alle Lokomotiven der DE tragen ein grünes Farbkleid mit gelben Zierstreifen.

Die drei letzten G 1600 BB bekam 1978 die Wanne-Bochum-Herner Eisenbahn. Später übernahm die Gesellschaft noch eine weitere Lok von der Ilseder Hütte, so dass ihr nun vier Maschinen zur Verfügung standen.

Zwei Lokomotiven, die 1971 als erste ihrer Bauart in Kiel gefertigt wurden, finden sich im Bestand der Farge-Vegesacker-Eisenbahn. Die als V 161 und V 162 bezeichneten Maschinen dienen dem Güterverkehr.

Erste Gelenkwellen-Lokomotiven aus Kiel

Bereits Ende der Fünfzigerjahre hatten sich die Konstrukteure der MaK mit einer Standardreihe von Gelenkwellenlokomotiven beschäftigt, von der letztendlich allerdings nur vier Lokomotiven in drei verschiedenen Bauarten erschienen.

Die Lokomotiven waren, im Gegensatz zur ersten und zweiten Standardbaureihe, mit Motoren der Motorenwerke Mannheim ausgestattet. Jede Lok erhielt zwei nebeneinanderliegende Aggregate.

Gebaut wurde zunächst eine 400-PS-Lok des Typs G 400 C im Jahr 1956. Die MaK verwendete sie als Werklok und verschrottete sie später. Allerdings könnte sie auch 1959 als Grundlage für die normalspurige G 500 C verwendet worden sein.

Von der G 500 C wurden zwei Lokomotiven gebaut. Die 1959 entstandene Lok kaufte die Werksbahn von Wolff Walsrode und setzte sie bis 1970 ein. Danach wurde sie nach Italien verkauft. Eine weitere G 500 C lieferte die MaK an eine norwegische Privatbahn in einer Spurweite von 1067 mm.

Dritte Bauart dieser Reihe war die G 400 BB, eine Drehgestelllok für Schmalspur. Diese Lok, 1959 für die Alsen'sche Portland-Cementfabrik in Lägersdorf in 860-mm-Spur gebaut, gelangte 1967 zur Kleinbahn Leer-Aurich, die sie auf 1000 mm umspurte. Im Jahr 1971 erwarb sie die Brohltalbahn, die sie schließlich 1989 an die Rhätische Bahn in die Schweiz weitergab.

Auf Basis dieser MaK-Entwicklung bestellte die Deutsche Bundesbahn Anfang der Sechzigerjahre fünf Lokomotiven für die Schmalspurbahnen in Baden-Württemberg. Da die Beschaffung der 1964 in Dienst gestellten drei V 51 (750 mm Spurweite) und zwei V 52 (1000 mm Spurweite) von der Landesregierung gefördert wurde, sollten die Lokomotiven auch im Land gefertigt werden. Daher baute Gmeinder in Mosbach die Maschinen in Lizenz.

DB-Bauarten für Werksbahnen

Neben den zahlreichen an die DB gelieferten Lokomotiven baute die MaK auch fünf Maschinen, die an andere Abnehmer gingen. Die erste Lok stammte noch aus den während des Zweiten Weltkrieges angearbeiteten Diesellokomotiven der Bauart WR 360 C 14 für die Wehrmacht. Während 13 Lokomotiven zur DB gelangten, übernahm die Deutsche Bundespost 1948 eine Lok dieser Bauserie und setzte sie in Hannover ein. Im Jahr 1972 gelangte sie nach Italien zu einer Gleisbaufirma.

Eine Lok der Baureihe V 60 fertigte die MaK im Jahr 1957 für ihren eigenen Bedarf und vermietete sie zunächst für zehn Jahre an verschiedene Kunden. Schließlich erwarb die als V 60 101 bezeichnete Lok das Eisenwerk Maximilianshütte in Sulzbach-Rosenberg als Werkslok 4. Die Lok gelangte 1998 zur Karsdorfer Eisenbahn, die sie als 0651 führt.

Zwei modifizierte Lokomotiven der Baureihe V 90 baute die MaK als Versuchsloks im Jahr 1965 und verkaufte sie 1966 und 1967 an die Dortmunder Eisenbahn, die sie als D 15 und D 16 einsetzte. Beide Lokomotiven gelangten 1983 und 1985 nach Italien. Eine weitere V 90 erhielt 1974 die Bundeswehr für die Untertageanlage Mechernich und vermietete sie an die DB als 290 999. Mehrfach boten die Streitkräfte die Maschine der Bundesbahn zur Übernahme an, was schließlich 1996 zum Verkauf führte. Die Lok läuft nun als 290 408 für die Deutsche Bahn.

Auf dem Weg zur dritten Generation

Mit der zweiten Generation von Standardlokomotiven konnte die MaK nicht an die Erfolge der ersten Generation anknüpfen. Dies lag weniger am Angebot

Bauart G 1600 BB: Die Verkehrsbetriebe Peine-Salzgitter setzten als 1601 auch eine G 1600 BB ein. Dahinter steht eine G 1300 BB vor dem Güterzug

Foto: Joh.-Wolfgang Schmidt

Bauart G 1600 BB: Mittlerweile ist die ehemalige 1601 der VPS im Besitz der ON Rail

Foto: Günther Barths

Bauart G 1600 BB: Die Dortmunder Eiesenbahn besaß sechs G 1600 BB für den schweren Güterverkehr zwischen den Dortmunder Stahlwerken

Foto: Joh.-Wolfgang Schmidt

Bauart V 90 P: Zwei modifizierte V 90 baute die MaK zunächst als Probelokomotiven. Später übernahm die Dortmunder Eisenbahn beide Maschinen Foto: Joh.-Wolfgang Schmidt

und der Technik der Lokomotiven, sondern eher am geschrumpften Markt. Auch die Sonderbauarten, die teilweise aus Konstruktionen für die Deutsche Bundesbahn entstanden waren, konnten nur Nischen erobern.

Das Blatt sollte sich aber schon bald wieder wenden. Die dritte Generation von Standardbauarten wurde in Kiel ab 1977 gebaut und umfasste dem Stand der Technik entsprechend neben Lokomotiven mit hydraulischer Kraftübertragung erstmals für das Werk auch Maschinen mit elektrischer Kraftübertragung. Während zunächst die dieselelektrischen Bauarten großen Anklang fanden, stehen mittlerweile die dieselhydraulischen Bauarten im Vordergrund. Noch heute werden Lokomotiven dieser Generation in Kiel gefertigt.

Überblick über die Bauarten

2. Generation der Standardbaureihe

Typ	Länge in mm	Achsstand in mm	Vmax in km/h	Gewicht in t	Baujahre	Stückzahl
G 320 B	8340, 8450	3360	33 – 60	36 – 40	1965 – 1974	17
G 500 C	9860	3780	35 – 43	55 – 60	1966 – 1975	22
G 700 C	9860	3780	40 – 48	50 – 60	1966 – 1975	14
G 850 BB	12 200	8000	36 – 60	68 – 80	1966 – 1974	22
G 1100 BB	12 200	8000	36 – 60	68 – 80	1969 – 1978	17

Sonderbauarten

Typ	Länge in mm	Achsstand in mm	Vmax in km/h	Gewicht in t	Baujahre	Stückzahl
600 C	8400	3000	31	50	1960, 1961	7
650 C	8400	3000	31	50	1962	2
G 2000 BB	16 400	12 500	140	74 – 82,6	1954	1
G 1300 BB	12 610	8200	54 – 79	64 – 72	1964 – 1969	10
G 1600 BB	14 380	9500	74 – 104	44 – 80	1971 – 1979	19

Gelenkwellenlokomotiven der ersten Ausführung

Typ	Länge in mm	Achsstand in mm	Vmax in km/h	Gewicht in t	Baujahre	Stückzahl
G 400 C	8375	3350	56	40	1956	1
G 400 BB	9300	5780	30	36	1959	1
G 500 C	8375	3350	59	39 – 45	1959; 1960	2

Leitschiene und Stromlinie

Erinnerung an Heiner Kuch

von Alfred Gottwaldt

Sein Name gehört nicht zu den großen unter den „Eisenbahnmalern", doch mit der Illustration von Büchern und Prospekten hat sich der Graphiker Heiner Kuch in der Zeit von 1930 bis 1960 einen guten Namen gemacht. Vor 26 Jahren ist er in Nürnberg gestorben.

In Nürnberg wurde Heinrich Kuch am 1. September 1893 als Sohn des Stadtbaumeisters Georg Kuch (1862–1928) geboren. Seiner Heimatstadt blieb er stets eng verbunden. Kuch war Autodidakt; er hatte sich nach der Offizierslaufbahn im Ersten Weltkrieg mit 25 Jahren dem Künstlerleben zugewandt. Seit 1920 stellte er aus, darunter bald Bilder von Lokomotiven in rasender Fahrt. Bereits im Mai 1924 wurde er von Fritz Traugott Schulz in der „Unterhaltungsbeilage des Fränkischen Kuriers" als Maler und Radierer hervorgehoben.

Wie viele andere hat sich Kuch in den Jahren der Weimarer Republik mit Plänen für den Schnellverkehr der Zukunft beschäftigt. Als erste Äußerung dieses Mannes ist das Deutsche Reichs-Patent Nr. 578 948 über die „Zwangsläufige Radlenkung mittels an einer mittleren Führungsschiene anliegenden Leitrollen" vom 30. September 1931 (offengelegt am 19. Juni 1933) überliefert. Damals stand er im 38. Lebensjahr. Kennzeichen des Patents war die Trennung der Funktionen „Tragen" und „Führen" im Laufwerk von Schnellbahnfahrzeugen durch die Verwendung von spurkranzlosen Rädern in Verbindung mit waagerecht liegenden Lenkrollen. Das Projekt dieser Leitschienenbahn hat ihren Erfinder noch jahrzehntelang beschäftigt.

Es war bekanntlich die Zeit der Versuchsfahrten des „Schienenzeppelins" von Franz Kruckenberg, dessen Ideen zu Leichtbau und Stromlinienform auch

Stromlinien-Dampflokomotive der Reihe 05 im Gebirge. Bleistiftskizze des Malers Heiner Kuch (1893–1976), um 1950

LSB fahrend
mit Gummi auf Beton
(für unter 150 km/st)

1. Stromliniengeformte Karosserie
2. Gummireifen
3. Stahlrad im Leerlauf
4. Betonsockel als Fahrbahn
5. Betonquerschwelle als Verbinder
6. Leitschiene im Doppel-T-Profil mit Halterungen
7. Lenkrollen, bestehend aus 2 Einzelrollen, die auf der gleichen Achse, jede für sich drehbar, angeordnet sind.

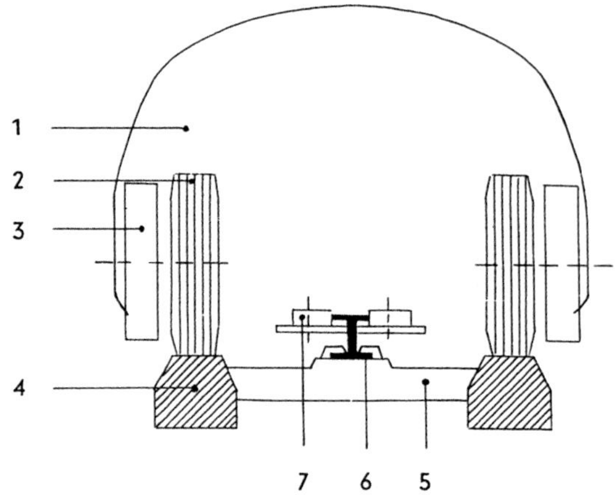

Das Konstruktionsprinzip der Leitschienenbahn: Gummiräder auf Betonfahrbahn tragen das Fahrzeug bis 150 km/h, während es von Lenkrollen an der Leitschiene geführt wird

Heiner Kuch beeinflußt haben. Im Verkehrswesen ist Kuch jedoch erst wieder nach dem Zweiten Weltkrieg – an dem er als Major im Wehrbezirkskommando teilgenommen hat – als Künstler hervorgetreten. Zu der Flugschrift „Mit der Fernschnellbahn zum vollkommenen Verkehr" von Kruckenberg steuerte Kuch in den Jahren 1947/48 mehrere utopische Graphiken von Stromlinienfahrzeugen und „Verkehrshäusern" bei. Auf dem Titelbild des Märklin-Kataloges von 1947 prangte sein Bildnis einer hellroten Stromlinienlokomotive mit ausgeschnittenem Triebwerk vor dunkler Bahnsteighalle. Auch die Rückseite ihres Spielzeugkatalogs von 1950 hat die Firma mit einem dynamischen Gemälde von Kuch bedeckt.

Als der Ingenieur Wolfgang Lübsen im Jahre 1948 seine 74 Seiten starke Schrift „Die Lokomotive und

LSB fahrend, Stahlräder
auf Stahlschienen
(über 150 km/st)

1. Karosserie
2. Gummireifen im Leerlauf
3. Stahlrad
4. Betonsockel
5. Betonquerschwelle
6. Leitschiene
7. Lenkrolle, wie oben
8. Seitliche, tragende Schienen, stoßfrei in Gleithalterungen gelagert. Die Schienenenden gleiten, durch Füllstücke liniert, bei Temperaturbewegungen aneinander vorbei. Das Gleis liegt somit spannungsfrei und kann in Leichtbauweise ausgeführt werden.

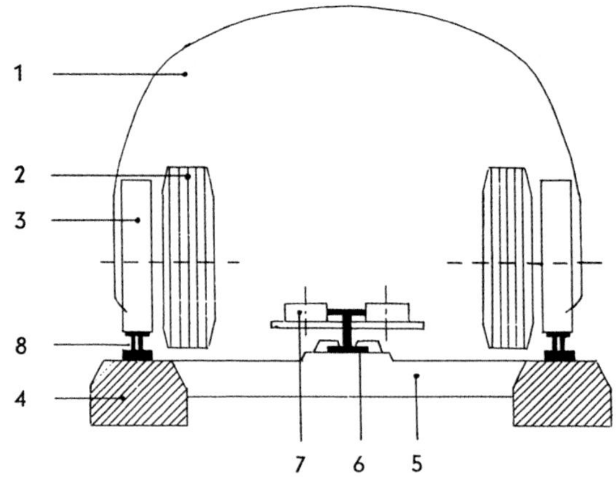

Die Leitschienenbahn bei Tempo über 150 km/h: Stahlräder tragen das Fahrzeug auf leichter Stahlfahrbahn, während es weiterhin an der Leitschiene von Lenkrollen geführt wird

Die deutsche Stromlinienlokomotive, gesehen von Heiner Kuch, auf dem Märklin-Modellbahn-Katalog von 1947

ihre Entwicklung" beim Münchener Reich-Verlag erscheinen ließ, waren darin auch 16 Tafelbilder von Heiner Kuch enthalten. Leider konnten die expressiven Gemälde damals nur einfarbig abgedruckt werden. In dem Band ist auch der Hinweis zu finden, daß der Maler damals in Egloffstein unweit von Nürnberg wohnhaft gewesen ist.

Bald darauf zeigte ein Prospekt der Maschinenfabrik Augsburg-Nürnberg (MAN) von 1950 für ihre „Diesel-Triebwagen" auf dem Umschlag ein buntes Titelbild von Kuch. Das Fahrzeugmodell erinnerte ganz direkt an den 1938 gebauten vierteiligen „SVT Berlin" mit separatem Motorwagen. Wie sah das künstlerische Umfeld damals aus? Als Zeitgenossen und Kollegen von Heiner Kuch in den Jahren nach dem Zweiten Weltkrieg sind Heinz Völkel mit seinen Illustrationen zu dem 1948 in Leipzig bei „Volk und Buch" gedruckten Werk „Die Eisenbahn erobert die Welt" von Helmut Sperling sowie der bekannte Marinemaler Walter Zeeden mit dem Buch „Unsere Eisenbahn" von 1952 aus dem Sponholtz-Verlag in Hannover zu nennen.

Zur gleichen Zeit wurde bei der Graphischen Kunstanstalt von Zerreiss & Co. in Nürnberg unter dem Titel „Eisenbahnen. Gestern – Heute – Morgen" ein schönes, nur 16 Seiten starkes „Eisenbahnbilder-

Der Blick Heiner Kuchs auf den Reichsbahn-Schnelltriebwagen der Bauart „Berlin" von der MAN, um das Jahr 1950 gedruckt

Ein utopisches Bild aus dem Buch „Eisenbahnen" von Heiner Kuch, um 1950

buch mit Versen und Bildern von Heiner Kuch" im Querformat gedruckt. Das Werk ist damals bei dem Regensburger Lehrmittel- und Spiele-Verlag von Robert Zeise & Co. erschienen. Hier formulierte Kuch die Theorie seiner Erfindung von 1931 ganz prägnant: „Die Leitschienenbahn läuft mit spurkranzlosen Tragrädern auf einer Stahl- oder Betonfahrbahn und klammert sich mittels seitlich anlaufender Lenkrollen an eine T-förmige Mittel-(Leit-)Schiene. Sie kann also nicht von der Fahrbahn getrennt werden. Dies ist notwendig, denn die zukünftigen Fahrzeuge werden immer schneller und leichter werden, und dann bestünde die Gefahr, daß sie bei starkem Seitenwind aus der Fahrbahn geblasen würden … Geschwindigkeiten bis zu 300 km/h sind dann durchaus im Bereich des technisch Möglichen, und die Zuverlässigkeit und Sicherheit der Eisenbahn, dieses ‚Allwetterfahrzeugs', wird sich in dem Wettbewerb mit dem Auto und dem Flugzeug sehr zu Gunsten der Eisenbahn auswirken."

Auch Heiner Kuch mußte leben und seine Arbeiten verkaufen: Nach Motiven aus jenem Buch entstanden im Jahre 1951 mehrere Bildpostkarten für das Bundesbahn-Werbeamt, darunter zwei eindrucksvolle Stücke mit Schnelltriebwagen und Stromlinienlokomotiven. Doch die „Leitschienenbahn" blieb weiterhin sein Thema. Für die stoßfreie Verbindung eiserner Lastschienen bei Bahnen hoher Geschwindigkeiten durch „Doppelhalterungen" wurde Heiner Kuch gemeinsam mit Heinrich Jacobi unter dem 10. Januar 1951 das Deutsche Patent Nr. 804 443 erteilt. Die Leitschienen wollte er nun durch „Schrägschnitte" nahezu stoßfrei verbunden wissen.

Nach der Deutschen Verkehrs-Ausstellung in München kam 1953 im Stuttgarter Blüchert-Verlag das hundertseitige Buch „Alle Achtung Peter" mit dem Untertitel „Vom ‚Adler' zur Leitschienenbahn" heraus. Der Band hat über den Bertelsmann-Leserring weite Verbreitung gefunden. Es handelte sich um eine romanhafte utopische Geschichte, die sich in ihren Bildern auch auf Kruckenbergs Ideen zum „Verkehrshaus" von 1948 bezog. Als Textautorin zeichnete Elisabeth von Bomhard verantwortlich, während die farbigen Bilder von Heiner Kuch stammten. Außerdem waren darin zahlreiche Textillustrationen von Carl Benedek enthalten, der ebenfalls seit 1935 als „Eisenbahnmaler" tätig gewesen war. Nach wie vor wurden bei den Plänen zur Leitschienenbahn die beiden Faktoren „Lenken" und „Lasten" voneinander getrennt. Nun träumte man von Gasturbinenantrieben und höchsten Geschwindigkeiten. Gummireifen auf Betonfahrbahn waren bis zu 150 km/h vorgesehen, bei höherem Tempo dann Stahlräder ohne Spurkränze auf Leichtbauschienen.

Beim Impressum des Buches auf Seite 4 stand geschrieben: „Die Farbtafeln und den Schutzumschlag zeichnete der Erfinder der Leitschienenbahn, Heiner Kuch." Auf Seite 6 hieß es sogar in einem uns heute pathetisch erscheinenden Tonfall: „Dieses Buch wurde nach den Unterlagen von Heiner Kuch, dem Erfinder der Leitschienenbahn, und unter freundlicher Unterstützung der Bundesbahn gestaltet. Es ist das erste Buch über die Leitschienenbahn."

Praktische Konsequenzen erwuchsen daraus nicht, denn die Zeit war für solche Utopien kaum reif.

Eine Vision Kuchs von der „Stromlinienlok im Gebirge" verteilte das Bundesbahn-Werbeamt im Jahre 1951

Bildpostkarte des Bundesbahn-Werbeamts von Heiner Kuch mit einem Schnelltriebwagen, um 1951 gedruckt

Der Maler und Erfinder Heiner Kuch mit seiner Leitschienenbahn, um 1968

Wie viele andere Künstler-Ingenieure, wurde Heiner Kuch von der Bahnverwaltung nicht ernst genommen. Auch dafür gab es nachvollziehbare Gründe; man fand einfach nicht zusammen. Zuletzt wurde Kuch bei Franz Kruckenberg in dessen Memoirenband „Fernschnellbahn und Verkehrshaus" von 1959 erwähnt, nachdem dieser dort die gummibereiften Züge der Pariser Untergrundbahn behandelt hatte: „Der Name ‚Leitschienenbahn' stammt nicht von den französischen Initiatoren der Métro-Bahn, sondern von einem Deutschen namens Heiner Kuch. Er vereint seine Künstlerfantasie als Maler und Bildhauer, sein gutes Verständnis für Ingenieurdinge und seine Geschicklichkeit als Mechaniker zu einer großen Meisterschaft in der Herstellung technischer Schaustücke. So konnte er auf der Verkehrsausstellung im Sommer 1953 in München ein Modell seiner ‚Leitschienenbahn' im Maßstab 1:33 vorführen. Die an den Gummirädern angetriebenen Modellwagen erreichten, an einer Mittelschiene sicher geführt, eine Geschwindigkeit von 60 km/h, mit der sie auch die relativ kleinen Kurven durchflogen, so daß die große Betriebssicherheit des Leitschienenbahnsystems sehr eindrucksvoll demonstriert wurde."

In den folgenden Jahren wurden Leitschienenbahnen für die Gotthardstrecke (1954) und für das Ruhrgebiet (1955) öffentlich zur Diskussion gestellt, aber nicht verwirklicht. Bald darauf konnte man so etwas wie Heiner Kuchs „Leitschienenbahnen" als Spielzeuge kaufen. Bei den elektrischen Autorennbahnen der Zeit ab 1960 wurden gummibereifte kleine „Schnellfahrzeuge" durch eine „Leitschiene" in der Fahrbahn geführt und mit Strom versorgt; sein Patent hatte das eigentlich geschützt. Weil er dafür kein Geld erhielt, hat er sich humorvoll selbst einmal den „beschissensten Mann Europas" genannt. Wer erinnert sich noch an die Zeit der „Carrerabahn" oder an die kleine „Faller-AMS-Rennbahn" auf dem Wohnzimmertisch?

Dann ist es um Heiner Kuch und seine Projekte still geworden. Als Kruckenbergs Buch erschien, standen beide Männer schon im Rentenalter. Der nächste große Schritt war damals ab 1965 die Einführung des Schnellverkehrs mit 200 km/h Spitzengeschwindigkeit im Netz der Bundesbahn. Am 18. November 1976 ist Heiner Kuch, der mit seinem seit 1922 bewohnten Atelier am Neutorzwinger 3 immer auch ein „Nürnberger Original" war, im gesegneten Alter von 83 Jahren in seiner Heimatstadt verschieden. Er wurde dort auf dem Johannisfriedhof beigesetzt. In einem Nachruf auf ihn hieß es noch, daß der damalige Verkehrsminister Georg Leber gegen Ende der sechziger Jahre eine Erprobung des Systems in Aussicht gestellt haben soll. 1994 wurden etwa vierzig Bilder von Kuch auf der Ausstellung „Triumph der Kunst" in einer Nürnberger Fabrikhalle gezeigt. Weder seine Leitschienenbahnen noch den Propellerwagen haben wir seitdem wieder zu sehen bekommen.

Literaturhinweise

Rudolf Rösermüller: Nürnberger Kunst der Gegenwart. Augsburg 1928, Seite 22.

Wolfgang Lübsen: Die Lokomotive und ihre Entwicklung. München 1948.

Heiner Kuch: Eisenbahnen gestern, heute, morgen. Ein Eisenbahnbilderbuch mit Versen und Bildern von Heiner Kuch. Regensburg o. J. (um 1950).

Elisabeth von Bomhard und Heiner Kuch: „Alle Achtung Peter!" – Vom „Adler" zur Leitschienenbahn. Stuttgart 1952.

Franz Kruckenberg: Fernschnellbahn und Verkehrshaus. Heidelberg 1959, Seite 32.

Karl Bosl: Bosls Bayerische Biographie. Regensburg 1983, Seite 454.

Eine Führerstands-fahrt mit Hindernissen

Mit Erzzug Gdg 57508 von Emden nach Rheine

von Udo Paulitz

Im Sommer 1974 war die Eisenbahnwelt auf der zur Nordseeküste führenden Emslandstrecke, zumindest für die vielen Dampflokliebhaber, auf den ersten Blick gesehen noch in Ordnung. Wohl war der Fortbestand der Schnellzugbaureihe 012, der ehemaligen 01 10, die noch immer einen großen Teil des Reisezugverkehrs auf dieser Bahnstrecke bediente, stark gefährdet. Der Bestand dieser Maschinen wurde mehr und mehr durch altersbedingte Schäden und fällige Untersuchungsfristen, welche fast immer z-Stellung und Ausmusterung nach sich zogen, dezimiert und musste daher Einbrüche durch die Dieselkonkurrenz in Kauf nehmen. Wohl jeder Eisenbahnfreund war froh und glücklich darüber, dass diese beeindruckenden Maschinen nach der Ölkrise überhaupt wieder in Betrieb genommen wurden.

Die dampfgeführten Güterzüge aber, und hier ist besonders der in Form von schweren Ganzzügen mit Großraumgüterwagen durchgeführte Erzverkehr von Emden in Richtung Ruhrgebiet oder Saarland zu nennen, rollte, trotz der sich erneut abschwächenden Konjunktur, Tag und Nacht. König Dampf hatte auf dieser Strecke also durchaus noch nicht ausgedient und im besagten Jahre wurden zwecks Aufstockung des Lokbestandes sogar noch einige wenige Güterzuglokomotiven der Baureihe 044 im Ausbesserungswerk Braunschweig von Kohle- auf Ölhauptfeuerung umgebaut und damit in die Baureihe 043 eingereiht.

Für Eingeweihte und aufmerksame Beobachter aber war es dennoch unverkennbar, dass sich die Dampflok – im Vergleich zu früheren Jahren – in allen DB-Regionen immer stärker auf dem Rückzug befand und sich ihre Zahl ständig verminderte. Die Emslandstrecke war derzeit noch eines der ganz wenigen Reservate, auf denen sich Dampflokomotiven vorerst noch behaupten konnten.

Mir persönlich hatte die so plötzlich zum Ende des Vorjahres hereingebrochene Ölkrise, die eine wochenlange weitgehende Aufhebung des 012-Umlaufes sowie die Abstellung vieler ölgefeuerter 043-Güterzugloks nach sich gezogen hatte, einen regel-

043 681, eine Schwesterlokomotive von 043 636, im Bw Rheine, rechte Seite

Die gleiche Maschine, gesehen von der linken Seite

rechten Schock versetzt und mir mit aller Deutlichkeit klargemacht, dass es mit der Dampftraktion mit Riesenschritten zu Ende ging. Eine nochmals gesteigerte Reisetätigkeit während der nächsten Monate insbesondere ins Emsland, war die logische Folgerung dieser Erkenntnis.

Ein Arbeitsstellenwechsel Ende Juni des Jahres 1974, dem erst ab Oktober eine betriebswirtschaftliches Studium folgen sollte, versetzte mich in die glückliche Lage, einen auf mehr als drei Monate erweiterten unbezahlten Urlaub anzutreten. In dieser Zeit beabsichtigte ich, den Dampfbetrieb der DB noch einmal in vollen Zügen auszukosten und im Mittelpunkt meiner fotografischen Bemühungen sollte die Emslandstrecke stehen, die damals die wohl noch am stärksten frequentierte Dampfstrecke im Bereich der Deutschen Bundesbahn darstellte. Ein weiterer Vorteil war es für mich, dass auf dieser Rollbahn zur Nordseeküste die Baureihe 012 eingesetzt wurde, meine Lieblingsmaschine, deren betriebliches Dasein – wie es ja die Ölkrise bereits bewiesen hatte – von heute auf morgen beendet sein konnte. Denn niemand von uns Eisenbahnfreunden wusste schon, was die hohen Herren der DB insgeheim gegen die ungeliebten Dampfloks im Schilde führten.

Am 26. Juni 1974 begann daher mein großer Abenteuerurlaub, zunächst mit Quartier in Lathen. Am 11. Juli rückte ich weiter in nördliche Richtung nach Ihrhove vor, wo ich mich in dem direkt am Bahnhof gelegenen Gasthof Dietrich van Mark für die nächsten vier Wochen einquartierte.

Leider aber stand die Großwetterlage des Sommers 1974 unter einem sehr sehr schlechten Stern. Deren Unbeständigkeit war kaum noch zu übertreffen und Gießbert, der enge Verwandte und Verbündete von Petrus tat sein bestes, um die Region tagelang mit seinen Dauerregenfällen zu überschütten. Der Qualität der unter diesen ungünstigen Bedingungen entstandenen Foto- und Filmaufnahmen tat das schon erheblich Abbruch, denn viele meiner Aufnahmen konnte ich anschließend getrost auf den Müll werfen.

Hin und wieder ließ sich aber auch mal die Sonne blicken. Am Dienstag, den 23. Juli, als ich mich um die Mittagszeit im Bereich des Bahnhofs Leer aufhielt um einige Bahnhofsszenen ankommender und abfahrender Reisezüge im Schmalfilm festzuhalten, hatte ich dieses Glück. Schon nach kurzer Zeit kam ein aus Richtung Rheine kommender, aus 50 Fad-Großraumwagen gebildeter Erzleerpark mit 1500 t

Lok 043 681 beim Wassernehmen im Bahnhof Leer

Die Lokomotiven 043 085 und 043 321 im Bw Emden

Volle Kraft voraus! Lok 043 636 donnert über die 1:76-Steigung der Ausfahrt Emden-Rbf

Zuggewicht – es war der von der ölgefeuerten 043 326 geführte Gdg 57513 – am Bahnsteigende der nördlichen Bahnhofsausfahrt zum Halten, um seine offenbar knapp gewordenen Wasservorräte aus dem an dieser Stelle befindlichen Gelenkwasserkran zu ergänzen. Der Bahnhof Leer war derzeit wohl so ziemlich der letzte Ort im Bereich der Bundesbahn, an welchem Reise- aber auch Güterzuglokomotiven bei Bedarf noch mehr oder weniger regelmäßig am Bahnsteig Wasser nahmen. Da man dieses noch bis vor wenigen Jahren im Betriebsdienst alltägliche Ereignis bei weitem nicht bei allen Zügen antreffen konnte, hielt ich das Geschehen ausgiebig mit Filmkamera und Fotoapparat fest.

Lokführer und Heizer sahen meiner Tätigkeit interessiert zu und schon bald ergab sich eine kurze Unterhaltung mit dem schon etwa 60 Jahre alten, groß und stattlich, gleichzeitig aber auch gemütlich und umgänglich wirkenden Meister der Maschine. Sein nach Emden bestimmter Leerzug hatte nach der Überholung durch einen Reisezug Blockabstand zu halten, wodurch etwas Zeit für die Plauderei zur Verfügung stand.

Eigentlich wollte ich schon seit langem – nach meinen vielen Führerstandsmitfahrten auf 012-Lokomotiven – auch einmal den Führerstand einer Güterzuglok auf der Emslandstrecke genießen. Bisher hatte aber immer die passende Gelegenheit dazu gefehlt, mit Personalen in Kontakt zu kommen, denn stets zog ich es vor, die Züge in freier Wildbahn, an der Strecke aufzunehmen. Daher hielt ich mich nur recht selten in Bahnhöfen oder Bahnbetriebswerken auf. Denn dort bestand schon eher die Möglichkeit, durch persönliche Gespräche mit Lokpersonalen die Erlaubnis einer Mitfahrt zu erhalten. An beiden Orten zugleich konnte ich nun einmal nicht sein.

Während der Unterhaltung mit dem freundlichen, sehr umgänglichen Meister kam es mir in den Sinn, diese für mein Vorhaben möglicherweise günstige Gelegenheit nicht ungenutzt verstreichen zu lassen und sie sogleich beim Schopfe zu packen. Deshalb brachte ich kurz vor der Weiterfahrt mein Anliegen vor und fragte spontan, ob vielleicht die Möglichkeit bestünde, ihn irgendwann einmal auf einer Tour von Emden nach Rheine und zurück auf dem Führerstand einer Güterzugmaschine zu begleiten.

Zu meiner großen Überraschung und Freude war er gleich damit einverstanden und Lokbetriebsinspektor Wilhelm Smit aus Emden, so lautete sein Name und Dienstgrad, kramte seinen Terminkalender aus der Tasche der besagte, dass er am Dienstag, den 6. August 1974 den Erzzug Gdg 57508 von Emden Rbf nach Rheine Rbf zu fahren hatte. Als Rückleistung war am frühen Nachmittag der planmäßig

043 746 hat ihre schwere Fuhre fast über den Berg

Lokomotive 094 640, eine alte Preußin, im Bw Emden

043 167 vor einem 2000-t-Erzzug zwischen Emden und Petkum

Lok 043 336 vor Erzzug zwischen Petkum und Oldersum

043 475 vor einem Erzzug bei Oldersum

Eine ölgefeuerte 043 mit ihrem Erzzug bei Neermoor

von einer 042 gezogene Nahgüterzug Ng 65661 in der Gegenrichtung zu befördern. Noch während des Anfahrens seiner Lokomotive rief er mir zu, nur pünktlich um 6.30 h in der Frühe am Zug im Rangierbahnhof Emden sein.

Damit war es mir erneut gelungen, eine Führerstandsmitfahrt unter Umgehung des Dienstweges unter Dach und Fach zu bringen. Eigentlich waren derartige Mitnahmen zumal betriebsfremder Personen, allein schon aus versicherungstechnischen Gründen, den Personalen streng untersagt. Und wurden sie dabei von Kontrollorganen erwischt, drohten disziplinarische Maßnahmen, die beispielsweise eine zeitweise Versetzung in den ungeliebten Rangierdienst nach sich ziehen konnten. Nichtsdestotrotz habe ich in fast allen Regionen der DB immer wieder entgegenkommende Lokpersonale erlebt, die ein Herz für uns engagierte Eisenbahnfreunde besaßen und mich auf ihren Lokomotiven bereitwillig mitfahren ließen.

Bei der im Grunde zwar nicht allzu frühen Zeit von 6.30 h tauchte aber trotzdem ein Problem auf: Um diese Uhrzeit verkehrte morgens noch kein Zug von Ihrhove nach Emden, sodass ich mir eine andere Lösung ausdenken musste. Eine Übernachtung in einem Emdener Hotel war mir viel zu teuer, denn ich verdiente ja länger als ein Vierteljahr keinen Pfennig Geld und war daher auf jede Mark angewiesen. Und mich um etwa 3.30 h morgens in der Frühe, bei wohlmöglich noch strömendem Regen und Gegenwind, auf den Drahtesel zu setzen und so schnell die 40 Kilometer bis Emden zu radeln, gefiel mir auch nicht so recht. Im Übrigen hatte sich der Besitz eines Fahrrades als Fortbewegungsmittel im flachen Emsland sehr bewährt, denn zum einen entstanden bei dessen Benutzung keine Betriebskosten und außerdem war man wesentlich schneller als ein Fußgänger. Zum anderen konnte mit dem Rad der Bahnstrecke an nahezu allen Stellen unmittelbar gefolgt werden, sodass keine Dampfzüge durch die Lappen gingen.

Da das Wetter am Vortage meiner Mitfahrt zwar meistens bewölkt aber wenigstens trocken war, trat ich, nachdem ich das Fotoprogramm des Tages abgewickelt und den letzten fotografierbaren 012-Zug, den späten D 730 im Abschnitt zwischen Leer und Ihrhove im Kasten hatte, gegen Abend in Richtung Emden in die Pedale. Es war schon dunkel, als ich zwei im Bw-Bereich abgestellte Reisezugwagen, darunter auch ein blaues Exemplar der 1. Wagenklasse, entdeckte. Nachdem ich das alte Fahrrad gut verschlossen hatte, machte ich es mir auf den Polstern in einem der 1. Klasse-Abteile für die Nacht bequem, nicht ohne zuvor die anwesenden Mücken so weit wie möglich erlegt zu haben.

Die Lokomotive 043 094 dampft mit ihrem 2000-t-Erzzug aus Emden kommend, durch den Bahnhof Leer, während im Hintergrund ein ebenfalls Dampf bespannter Erzleerpark in entgegengesetzter Richtung entschwindet

Die Lokomotive 043 636 in der Nähe der Ledabrücke bei Leer

Der vorsichtshalber auf 5.30 h gestellte Wecker aber brauchte nicht in Aktion zu treten, denn – es mochte vielleicht gegen 4 h in der Frühe gewesen sein – wurde mein Schlaf etwas unsanft durch einen starken Ruck sowie durch das unverkennbar dumpfe Geräusch zusammenstoßender Puffer unterbrochen. Ich war sofort hellwach und musste zu meinem leichten Entsetzen und großen Erstaunen feststellen, dass der offenbar von einer Rangierlok gezogene Wagen – aus welchen Gründen auch immer – langsam Fahrt aufnahm und sich in Richtung des Rangierbahnhofs bewegte. Da ich keine Lust verspürte, irgendwo an einem unbekannten Reiseziel anzukommen, packte ich meine wenigen Habseligkeiten, lief in Richtung Tür und wollte bei der nächst günstigen Gelegenheit abspringen, als bereits im nächsten Moment der Wagen seine Fahrt verlangsamte, zum Stehen kam und anschließend über eine Weiche zurückgedrückt, nach wenigen hundert Metern erneut im Bw-Bereich abgestellt wurde.

Jetzt aber nichts wie weg hier! Nichts als Aufregungen und Stress schon am frühen Morgen! Die Bahn gönnt einem armen obdachlosen Eisenbahnfreund noch nicht einmal seinen wohlverdienten

Lok 043 746 mit Erzzug zwei Kilometer südlich Leer

043 100 vor Erzzug in der Nähe des Postens 308 bei Leer

Blick vom Heizerplatz der Lok 043 636 in der Nähe von Kluse

Schlaf, dachte ich grollend bei mir. Ich war nun richtig wach und über den Schlaf hinweg und beschloss, mich in dem langsam zum Leben erwachenden Bw Emden in aller Ruhe umzusehen und zu versuchen, mein Personal bereits hier zu treffen. Zuerst ging ich in den Waschraum des Bw und machte mich ein wenig frisch. Das kalte Wasser bewirkte wahre Wunder aber mein Zahnputzzeug hatte ich, etwas vergesslich wie ich damals schon war, in meinem Quartier in Ihrhove prompt liegen gelassen.

Trotz der Morgenfrühe herrschte im Lokschuppen und auf den Standgleisen des Bw schon reger Betrieb, denn einige kalt abgestellte Maschinen mussten von den Schuppenmännern angeheizt werden. Es war schon eine eigenartige, nur in einem Bahnbetriebswerk mit Dampflokomotiven innewohnende Stimmung, die mit den vielen, von Dampflokfreunden so sehr geliebten, aus Kohle, Rauch und heißem Öl bestehenden Gerüchen verbunden war, die ich beim Gang durch das Halbdunkel des Lokschuppens ausgiebig inhalieren konnte. Niemand beanstandete meine Anwesenheit, als ich in aller Seelenruhe die herumstehenden schwarzen Schönheiten in Augenschein nahm. Ganz im Gegenteil: Durch ein gegenseitig zugerufenes freundliches „Moin, moin!" meinte ich fast dazuzugehören. Beim Blick aus dem Schuppen entdeckte ich 043 737, jene Lokomotive, die erst vor wenigen Wochen als letzte DB-Lok auf Ölfeuerung umgerüstet worden war. Sie hatte offenbar einen Zug von Rheine hierher gebracht und näherte sich, vom Rangierbahnhof kommend, der Drehscheibe und wurde anschließend im Schuppen abgestellt.

Ein Blick auf die Uhr erinnerte mich daran, dass es langsam Zeit wurde, nach meinem Lokpersonal Ausschau zu halten. Raus konnte die Maschine ja noch nicht sein, denn bisher hatte noch keine Lok den Schuppen verlassen. Nach einigem Suchen entdeckte ich meine Mannschaft, die mit ihrer Lokomotive 043 636 beschäftigt war. Da stand er also, der gewaltige dreizylindrige Öljumbo, auf dessen Führerstand ich die nächsten Stunden verbringen sollte. Ein Gefühl des Glücks und der Zufriedenheit überkam mich bei diesem Gedanken. Lokbetriebsinspektor Wilhelm Smit und sein in Rorichum ansässiger Heizer Peter Post waren schon fleißig dabei, die üblichen, vor jeder Fahrt zu erledigenden Arbeiten und Vorbereitungen durchzuführen und hatten den größten Teil dieser notwendigen Tätigkeiten schon hinter sich gebracht. Neben dem Abölen und Abschmieren sowie der Kontrolle der Lager und Pumpen, was bei der Lokdurchsicht zu den Aufgaben des Heizers zählte, hatte Herr Smit die Kontrolle des Triebwerks mit dem Hammer und der Handvoll Putzwolle bereits hinter sich. Die erst in der Frühe angeheizte Maschine hatte schon guten Druck im Kessel und der lichterzeugende Turbogenerator summte emsig vor sich hin. Nachdem schließlich auch die Bremsleitung auf Funktionsfähigkeit kontrolliert worden war, hatte die Mannschaft an der ihnen zugeteilten Maschine nichts auszusetzen. Die Lok war in Ordnung und betriebsbereit und der in Kürze zu erwartenden Ausfahrt vom Schuppen auf die Drehscheibe stand somit nichts mehr im Wege.

Der Meister nahm mich kurz zur Seite und bat, im Bw- und Bahnhofsbereich bzw. bei der späteren Vorbeifahrt am Stellwerk mich sicherheitshalber etwas im Hintergrund zu halten, damit sich niemand von uns Ärger einhandelte. Aus diesem Grunde sollte ich auch erst beim Halt an der Sprechsäule aufsteigen. Man konnte ja nie wissen. Natürlich befolgte ich – wie immer bei derartigen Fahrten – diesen im eige-

043 681 mit Erzzug
bei Posten 295 in der Nähe
von Dörpen

043 606 mit Erzzug in der Nähe
von Papenburg

043 336 vor 2000-t-Erzzug
zwischen Ihrhove und
Steenfelde

Lokomotive 043 681 zieht einen Erzzug bei Oldersum

nen Interesse gutgemeinten Rat gewissenhaft und tat so, als gehöre ich nicht dazu. Ich wollte weder dem Personal noch mir (ich hatte ja noch nicht einmal den offiziell auch für Mitfahrten im Führerstand vorgeschriebenen Fahrausweis der 2. Wagenklasse) Unannehmlichkeiten einhandeln.

Gegen 5.45 h wurde die Drehscheibe vorgelegt und mit geöffneten, grell zischenden Zylinderventilen rollte 043 636 langsam rückwärts auf die Scheibe. Nachdem diese auf das Ausfahrgleis geschwenkt und eingerastet war, setzte sich die mächtige Güterzuglokomotive im Schritttempo erneut in Bewegung und rollte gemächlich in Richtung des im Eisenbahnerjargon als „Sprechtüte" bezeichneten Meldeposten vor. In dessen Nähe hatte ich mich postiert und auf einen Wink des Meisters enterte ich schnell in den Führerstand, nicht ohne zuvor einen verstohlenen Blick in die Runde geworfen zu haben. Die Atmosphäre auf der Dampflok nahm mich sofort gefangen. Der Ölbrenner wummerte und Feuerbüchse und Kessel strahlten – im Gegensatz zu der herrschenden Morgenkühle – eine angenehm wohltuende Wärme aus. Das Kesseldruckmanometer stand bereits bei fast 12 Atmosphären. Bis zur Abfahrt des Erzzuges war ja noch etwas Zeit und bis dahin würde der erforderliche Kesseldruck von 16 bar sicherlich erreicht sein. Fototasche und Verpflegungsbeutel verstaute ich wie üblich in einem der noch freien Tenderfächer.

Wilhelm Smit beugte sich hinaus und drückte die Anruftaste: „Lok für 57508!" Nach kurzer Wartezeit rauschte es im gelben Kasten: „Lok kommen!" schnarrte eine unpersönliche, roboterähnlich Stimme. Dann folgte das Signal SH 1. Meister Smit schob den Regler auf, vorsichtig und mit geöffneten Zylinderventilen. Langsam tastete sich die Maschine durch das Gleisvorfeld, vorbei an den vielen Weichenlaternen und Gleissperrsignalen bis in die östliche Ausfahrt des Rangierbahnhofs. Jenseits der Eisenbahnbrücke über die stadteinwärts führende Hauptverkehrsstraße betätigte Smit das Zusatzbremsventil und die Lok kam zum Stehen. Jetzt wurde die Steuerung am Handrad umgelegt, denn wir mussten rückwärts an den Zug setzen. Das Rangiersignal gab mit zwei weißen Lichtern das Freizeichen und zischend drückte 043 636 mit dem Tender vorausfahrend, zurück an den Zug, dessen beladene Garnitur bereits als Übergabefahrt vom Erzhafen durch eine 290er-Rangierdiesellok (V 90) hierhin befördert und abgestellt worden war. Ganz, ganz langsam unter vorsichtiger Betätigung des Zusatzbremsventils ließ der erfahrene Meister Smit seine 043 636 die letzten Meter an den Zug heranrollen, jetzt ein quietschendes Geräusch, ein kaum spürbarer Ruck und der Tender stand Puffer an Puffer mit dem ersten Wagen des Ganzzuges. Auf der linken Seite des Emdener Rangierbahnhofs konnte ich für einen Moment die an diesem Tage aushilfsweise als Rangierlok am Ablaufberg tätige 094 640, wohl eine der letzten preußischen T 16 1 der Deutschen Bundesbahn, beobachten.

Nun das Ankuppeln durch den Rangierer und schon leuchtete hinten das erste Licht für die Bremsprobe auf – Bremse anlegen. Die Bremsklötze der Wagen legten sich an die Radreifen und der Wagenmeister ging mit seinem langen Hammer prüfend am Erzzug entlang. Die folgenden zwei Lichter gaben das Signal zum Lösen der Bremse und nach einiger Zeit brachten die drei aufleuchtenden weißen Lichter die Gewissheit, dass die Bremse in Ordnung war.

Dann die Übergabe des Bremszettels durch den Wagenmeister. Peter Post der Heizer hatte den Kesseldruck unseres Öljumbos mittlerweile auf nahezu 16 atü gesteigert, der Schornstein qualmte, die Luftpumpe arbeitete hektisch, die Sicherheitsventile begannen zu säuseln und standen kurz vor dem Abblasen. Es lag die typische Spannung vor einer jeden Abfahrt eines Zuges in der Luft. Alles wartete nun darauf, dass die Flügel des Ausfahrtsignals in die Höhe gehen würden.

Da offenbar noch etwas Zeit war, genehmigten sich die beiden Schwarzen zwischendurch ihr zweites Frühstück und tranken dabei einen Schluck Kaffee aus der mitgeführten Thermoskanne. Auch ich steckte mir ein Stück trockenes Brot zwischen die Zähne und spülte es mit klarem Leitungswasser aus meiner großen Plastikflasche herunter. So gestärkt beobachtete ich die sich im Übrigen scheinbar positiv zu entwickelnde Wetterlage. Bis jetzt sah alles sehr gut aus; das Wetter war hell und klar. Noch nicht einmal Morgennebel. Sollte ich wirklich Glück haben? Hoffentlich hielt sich der Sonneschein zumindest noch für die nächsten Stunden, bis wir in Rheine waren. Sicher war dies aber keinesfalls, denn wie oft hatte ich es schon erlebt, dass sich das Wetter innerhalb von nur kurzer Zeit total verändert hatte.

An dieser Stelle sei erwähnt, dass der aus 25 vollbeladenen Fad-Wagen bestehende Gdg 57508 mit einem Gesamtgewicht von 2000 t im Plan des aus zwei Erzzugeinheiten bestehenden, immer mit Vorspann fahrenden 4000-Tonners Gdg 52908 fuhr, wenn im Falle geringerer Erzabfuhrmengen wie dies insbesondere in Urlaubszeiten der Fall war, dieser nicht verkehrte. Dieses war einer jener Züge, die zu den schwersten Europas zählten. Von Emden Rbf bis Rheine Rbf war eine Distanz von 146 Kilometern zu durchfahren, die in ungefähr 3 Stunden und 10 Minuten Fahrtzeit bewältigt werden musste.

Endlich, es war kurz vor 7 h, war es soweit. Das Ausfahrtsignal ging in die Höhe und zeigte mit zwei Flügeln Hp 2 an. „Ausfahrt steht!", rief ich aufgeregt. „Dann wollen wir mal", äußerte sich Meister Smit, ließ einen kurzen Achtungspfiff ertönen, machte den Sandstreuer auf und griff mit der linken Hand zum Regler, um ihn sogleich wieder etwas beizuziehen, damit das berüchtigte Schleudern des Triebwerks möglichst vermieden wurde. Ein Zuggewicht von 2000 t aus dem Stand heraus noch dazu über ein kurzes Steigungsstück in Bewegung zu setzen war selbst für eine derart kraftvolle Maschine wie die 44er mit Ölfeuerung keine Kleinigkeit und verlangte ihr alle Leistungsreserven ab. Ganz langsam unter zunächst noch sehr verhalten klingenden, dann aber immer kräftiger werdenden Auspuffschlägen zog die Maschine an. Als die Lok nach der Überwindung des ersten Anfahrwiderstandes Tritt gefasst hatte, kam

Eine ölgefeuerte 043 zieht mit ihrem Erzzug im Abendlicht an einem kleinen See bei Steenfelde vorüber

043 636 nähert sich Lathen, aufgenommen bei etwa 70 km/h

richtig Leben in unsere 043 636. Während Peter Post, der Heizer mit dem Ölschieber die Brennstoffzufuhr regulierte, hatte Wilhelm Smit den Regulator weit geöffnet und die Steuerung voll ausgelegt, sodass die Maschine ihre so herrlich unregelmäßig klingende Dreizylindermusik laut ertönen ließ. Mit krachenden Auspuffschlägen und aller Kraft tobte die in weißen Dampf aus den Zylinderventilen eingehüllte Lokomotive voran. Von meinem Standplatz hinter dem Lokführer aus konnte ich einen Blick auf das Ende der langen Wagenschlange werfen, die sich langsam aus dem Emdener Rangierbahnhof bewegte. Die 1:76-Steigung, in der das Ausfahrtgleis lag, war zwar nur kurz, aber ganz und gar nicht ohne. Einige Wochen später habe ich es erlebt, dass eine kohlegefeuerte 44er mit ihrem Erzzug offenbar bei der Anfahrt nicht genügend Schwung geholt hatte, auf der Rampe liegen blieb und nur mit unterstützender Hilfe einer 260 (V 60) wieder in Fahrt gebracht werden konnte. Wilhelm Smit aber hatte dieses Problem nicht; die Lok machte gut Dampf und zog mit ohrenbetäubenden dumpf-schmetternden Auspuffschlägen zwar nur langsam, aber stetig und ohne zu stolpern am Ausfahrtsignal vorbei. Es war eine Anfahrt so ganz an-

043 315 mit einem Erzzug in der Nähe von Lathen

Lokomotive 043 336 mit Erzzug aus Emden südlich des Lathener Einschnitts

ders als im Führerstand einer Schnellzugdampflokomotive, aber nicht minder faszinierend. Das Geschehen zog mich vollkommen in den Bann.

Als wir nach einigen hundert Metern über die Straßenbrücke polterten, hatten wir es geschafft. Unsere Lok war Sieger geblieben und wurde zunehmend schneller, als auch die letzten Wagen über den Berg waren. Der Meister hatte die Steuerung zurückgenommen und erhöhte den Dampfdruck im Schieberkasten, um die Dampfdehnung wirken zu lassen. Die Zylinderhähne waren nun geschlossen. Der Auspufflärm wurde sofort schwächer und ging bei zunehmender Geschwindigkeit in ein grummelndes Geräusch über, bei dem die einzelnen Auspuffschläge nicht mehr auseinander gehalten werden konnten. Nur noch 13 atü zeigte der Blick auf das Kesselmanometer – die Anfahrt hatte viel Dampf gekostet. Aber im Vergleich zu einer Kohlelok konnte der Heizer den Kesseldruck durch Betätigung des Ölschiebers wesentlich leichter und kräftesparender als mit der Kohleschaufel regulieren.

Nun begann die Fahrt durch die endlose Weite des flachen ostfriesischen Landes. Mein Personal ging zur Tagesordnung über, d. h. die Bedienungselemente wie Steuerung, Reglerstellung und Ölzufuhr wurden so eingestellt, dass das Dampfross nach Erreichen der durch den Buchfahrplan vorgegebenen Geschwindigkeit möglichst von ganz allein lief. Sowohl Lokführer als auch der Heizer beobachteten aufmerksam die Strecke und riefen sich den jeweili-

043 100 vor Erzzug 57508 am 23. Oktober 1975 im Lathener Sand

Wassernehmen während des Aufenthalts in Lingen. Wilhelm Smit und Peter Post vor ihrer Lokomotive 043 636

gen Stand der Signale zu. Überall freie Fahrt! Obwohl für den Abschnitt bis Leer lediglich eine Maximalgeschwindigkeit von 65 km/h vorgeschrieben war, hatten wir diese Marke in Petkum schon fast erreicht. Den Bahnhof Oldersum durchfuhren wir mit etwa 70 und die einsame Blockstelle Rorichum wurde bereits mit 75 km/h passiert. Ein kurzes Winken und schon waren wir vorbei. Damit wurden meine früheren Beobachtungen auch im Güterzugdienst bestätigt, nach der es die Personale mit derartigen Vorgaben nicht so genau nahmen und auch schon mal etwas schneller als erlaubt – offenbar je nach Lust und Laune – fuhren. Warum eigentlich auch nicht? Die Strecke war schnurgerade und übersichtlich, sodass die Beobachtung der Signale bei gutem Wetter weit im voraus möglich war. Als ich im Frühjahr 1976 zweimal das Vergnügen hatte, auf den Führerständen der Vorspannlokomotiven des 4000-Tonners mitfahren zu dürfen, jagten wir fast auf der ganzen Strecke bis nach Rheine mit einer zwischen 80 und 90 km/h liegenden Fahrgeschwindigkeit dahin!

Während dieser ganzen Zeit hatte ich fleißig vor allem mit der Super-8-Filmkamera gearbeitet und Szenen in allen möglichen Variationen und Einstellungen gedreht, die ich zur Ergänzung meiner Streckenszenen für verschiedene noch zu bearbeitende Dampflokfilme verwenden konnte. Und dies, obwohl der Führerstand eines rüttelnden und stampfenden Dampfungeheuers weiß Gott nicht die ideale, ruhige Plattform für ein derartiges Vorhaben war. Um überhaupt so leidlich unverwackelte Filmszenen zu erhalten, bewährte sich für die Filmkamera der Einsatz meines kleinen Taschenstativs erneut.

Entgegenkommenderweise überließ mir Heizer Post meistens seinen Platz am Fenster, sodass ich von dort aus Filmaufnahmen mit Blick auf Kessel, Kamin und Strecke machen konnte. Hierbei musste ich das Stativ mit aufgeschraubter Kamera mit aller Kraft von außen gegen die Scheibe des Führerstandsfensters drücken, sodass die Apparatur fest mit der Maschine verbunden war und sich so das Stampfen der Lokomotive kaum auf die Kamera übertrug. Aufnahmen aus der freien Hand wären dabei hoffnungslos verwackelt.

Mit einem eintönigen Dröhnen donnerte unser Erzzug durch die von Entwässerungsgräben durchzogenen feuchten Wiesen der scheinbar unendlichen Weite Ostfrieslands, vorbei an Bahnhöfen, Blockstellen und Schrankenposten, vor deren heruntergelassenen Schranken vereinzelt Autos und Zweiradfahrer geduldig warten mussten

In dieser von Menschen nur schwach besiedelten Gegend war auch das obligatorische Rohreblasen fällig. Bei diesem Vorgang schüttete der Heizer aus einem bereitgehaltenen Marmeladeneimer eine gehörige Portion Sand durch das Kontrollloch in die Feuerbüchse der Maschine, was zu einem orkanartigen Anschwellen des Auspuffgeräuschs führte. Der durch die Rauchrohre gejagte Sand besaß eine enorme Schmirgelwirkung und löste damit unverzüglich einen großen Teil der sich dort festgesetzten Rußpartikel und drückte diese durch den Schornstein heraus, was sich durch eine riesige rabenschwarze Qualmwolke ausdrückte. Es gelang mir, den pechschwarzen Atompilz, mit der die Lokomotive den Himmel verfinsterte, bildwirksam mit der Filmkamera einzufangen.

Mit unverminderter, zwischen 70 und 75 km/h liegender Geschwindigkeit wurde der Bahnhof Leer gegen 7.35 h durchfahren und mit Schwung ging es die leichte Steigung zur Ledabrücke hinauf, die mit einem blechernen Rumpeln überquert wurde. Noch lagen wir gut im Plan.

Bis zum zwei Kilometer nördlich des Bahnhofs Ihrhove gelegenen Schrankenpostens 317 durchquerte die auf einem Damm geführte Strecke die brettebenen Wiesen des Landes. Etwa in der Mitte dieses Abschnitts stand noch bis vor kurzer Zeit das Gebäude der aufgelassenen, mittlerweile durch ein Lichtsignal ersetzten Blockstelle Folmhusen. Bereits ab dem weitflächig angelegten Ihrhove mit seinen Überholgleisen und den markanten, aus roten Ziegelsteinen gemauerten beiden Blockstellen, wurde die Landschaft abwechselungsreicher und begann sich durch vermehrt auftretenden Baumbestand, Hecken und Buschwerk angenehm zu verändern.

Bei Kilometer 312 flog der winzige, kaum wahrnehmbare Haltepunkt Steenfelde vorbei und unermüdlich ratternd kämpfte sich unser Öljumbo durch die sich erneut in Richtung Papenburg öffnende Landschaft. Auf dem im Fahrplanhalter eingeklemmten Buchfahrplan konnte ich 80 km/h auf diesem Abschnitt als vorgeschriebene Höchstgeschwindigkeit für unseren Zug entziffern. Papenburg, mit seiner speziell von der Meyer-Werft genutzten Klappbrücke, wurde kurz vor 8 h durchfahren. Bereits wenige Minuten später folgte der Bahnhof Aschendorf.

„Was soll denn das schon wieder?" Mit dieser erstaunt ausgerufenen Frage ließ sich plötzlich Wil-

Während 043 636 in Lingen vor dem geschlossenen Signal warten muss, dampft 012 063 mit ihrem Saisonschnellzug D 1731 vorüber

043 381 passiert das Signal der Blockstelle Hanekenfähr; im Hintergrund das Atomkraftwerk Lingen

043 121 nähert sich mit ihrem Erzzug Salzbergen

043 606 in der Nähe von Leschede

helm Smit vernehmen. Im nächsten Moment sah auch ich den Grund dafür: die Blockstelle Aschendorf-Süd (AS) zeigte uns die L-Scheibe, d. h. wir sollten bis zu dem bei der Abzweigung Lehe beginnenden, bis Dörpen eingleisigen Abschnitt die Fahrt vermindern. Und dabei rollte unser Zug doch gerade so schön! Es half nichts; die Mannschaft von 043 636 musste unverzüglich reagieren. Während Peter Post auf Zuruf Ölschieber und Brennerdampfventile drosselte, schloss Smit mit dem Ausruf: „So ein verdammter Mist!" den Regler, stellte die Steuerung auf 60 Prozent und legte die Bremse an. Mit einer immer geringer werdenden Geschwindigkeit rollte unser Erzzug unter einer träge aus dem Schornstein wabernden leichten Qualmentwicklung auf das geschlossene Hauptsignal zu. Als wir nur noch wenige hundert Meter von der Blockstelle entfernt waren, kam uns ein auf Gegenkurs liegender, von der Lokomotive 042 073 gezogener langer Kokszug in schneller Fahrt entgegen. Wir hatten leider nur noch knapp Schritttempo drauf, als endlich der Signalflügel vor uns in die Höhe sprang. Immerhin aber rollte unser Zug noch und war nicht ganz zum Stehen gekommen. Der diensttuende Beamte, der ebenso wenig wie wir für die Behinderung etwas konnte, schaute mit einem bedauernden Blick aus dem Fenster und hob zum Zeichen, dass er an diesem Malheur unschuldig sei, die Schultern. Smit, der sich wieder gefasst hatte, trug dies mit Fassung und winkte ihm zu. Derartige Betriebssituationen ließen sich trotz aller Sorgfalt bei eingleisigen und stark befahrenen Strecken, wie es die Emslandstrecke nun einmal war, nie ganz vermeiden. Ich selbst war ob dieser Abwechselung eigentlich gar nicht böse, vermied es aber wohlweislich, meine bei den beiden Schwarzen sicherlich nicht auf große Zustimmung stoßene Meinung zum Besten zu geben.

Vorsichtig und gefühlvoll bewegte Meister Smit den Regler zu Beginn der nun folgenden erneuten Beschleunigungsphase. Mit zunächst langsamen, einzeln deutlich hörbaren Auspuffschlägen im Dreivierteltakt rumpelten wir über die Weiche in den eingleisigen, in einer leichten Steigung liegenden bewaldeten Abschnitt in Richtung der vor dem Bahnhof Dörpen gelegenen Brücke und Küstenkanalschleuse. Schon bald wurde das Arbeitsgeräusch der Dampfmaschine stärker. Ein Blick auf die Uhr: Es war genau 8.20 h, als wir – mittlerweile schon wieder zunehmend schneller geworden – den Bahnhof Dörpen mit röhrendem Drillingstakt unter einer aus dem Schornstein quillenden schwarzen Ölqualmwolke durchfuhren. Diese Kreuzung in Lehe hatte uns zwar bis jetzt nur eine knappe Viertelstunde Zeit gekostet aber niemand konnte ahnen, wie negativ sich selbst diese an sich kleine Verzögerung noch auf den weiteren Fahrtverlauf auswirken sollte.

Bis zu der etwa viereinhalb Kilometer entfernten Station Kluse hatte Smit seine schwere Fuhre wieder in Fahrt gebracht und unter Ausnutzung einer leichten Gefällestrecke bis Lathen wieder 70 km/h erreicht. Ich hatte bereits ab Block Lehe wieder den Heizerplatz als Dauergast einnehmen dürfen und konnte daher nach Herzenslust filmen und fotografieren. Seit Beginn der Fahrt waren uns schon mehrere Dampfzüge entgegengekommen, die ich alle in meinen Knipskisten verewigen konnte. Mich überkam, wie so oft bei derartigen Mitfahrten, ein kaum beschreibbares, mir auch heute noch gut in Erinnerung haften gebliebenes Glücksgefühl, hoch oben im Führerstand eines Dampfrosses über den meist schnurgeraden Schienenstrang zu donnern, zumal auch das Wetter, sogar mit kleinen Schäfchenwolken, sich weiterhin von seiner allerbesten Seite zeigte und meine gute Laune in keiner Weise trübte.

Inmitten dieser durchaus nachvollziehbaren Gefühlen und Gedanken jagten wir durch den Bahnhof Lathen mit seinem viel zu modernen Bahnhofsgebäude und fuhren mit Schwung in die knapp drei Kilometer lange, von Kiefernwäldern und Brandschutzstreifen gesäumte gleichnamige Steigung hinein. Unser Zug wurde zwar zusehends langsamer, denn der schwere Wagenpark zerrte wie ein überdimensionaler Bleiklotz am Zughaken, das Arbeitsgeräusch der Dampflokomotive wurde dafür umso lauter und intensiver. 043 636 aber war eine starke Maschine, der diese mit einem Neigungswinkel von 1:300 an sich noch verhältnismäßig schwache Steigung – trotz der schweren Anhängelast – nicht übermäßig viel auszumachen schien.

Bisher hatte ich an der Strecke noch keine Fotografen entdeckt, aber im Lathener Einschnitt änderte sich dies schlagartig. Hier an diesem zu den markantesten Fotopunkten der Emslandstrecke gehörenden Abschnitt hatte sich mindestens ein halbes Dutzend Eisenbahnenthusiasten, zu deren Zunft ich ja auch zählte, teilweise gleich mit mehreren Fotoapparaten oder auf Stativen montierten Filmkameras bewaffnet, eingefunden, die mit ihren unterschiedlichen Geräten ein regelrechtes Dauerfeuer auf unseren Erzzug eröffneten. Sicherlich ist es verständlich, wenn ich mich damals weit aus dem Fenster des Heizerplatzes lehnte und stolz wie Oskar auf meine fotografierenden Kollegen herabblickte, als wir mit laut trommelndem Dreivierteltakt durch den besagten Einschnitt stampften.

043 131 bei Block Deves zwischen Salzbergen und Rheine

Eine 012 beim Wassernehmen. Im Hintergrund Lok 043 737 und eine 042

An dem durch Blinklichter und Halbschranken gesicherten Bahnübergang über die Bundesstraße B 70, den wir wenige Augenblicke später passierten, stauten sich in beiden Richtungen mehrere Fahrzeuge und mussten darauf warteten, bis unser langsamer Dampfzug vorüber gezogen sein würde. Nun waren wir mit unserer Fuhre über den Berg und jetzt galt es, auf dem ebenen, landschaftlich überaus reizvollen und von ausgedehnten Kiefernwäldern umrahmten Abschnitt bis zum Bahnhof Haren wieder tüchtig in Fahrt zu kommen und nach Möglichkeit zumindest einen Teil der immer noch bestehende Verspätung aufzuholen.

Man könnte meinen, dass bei einem Güterzug, der ja keine Reisende beförderte, die Einhaltung des Fahrplanes nicht so wichtig wäre und eine Verspätung von vielleicht zehn oder zwanzig Minuten dabei keine Rolle spiele. Dem war aber nicht so, denn auch Güterzüge mussten möglichst genauso exakt wie Reisezüge den Plan einzuhalten versuchen. Denn war ein schwerer Güterzug, noch dazu ein langsamer Dampfzug, durch irgendwelche Umstände erst einmal aus dem Tritt gekommen, hatte er aufgrund seines durch das Zuggewicht bedingte meist nur geringe Beschleunigungsvermögen nur höchst selten die Möglichkeit, selbst kleinere Verspätungen wieder einzufahren. Bei einer Ellok mochte das vielleicht noch anders sein, aber ein schwerer dampfgeführter Güterzug brauchte unendlich lange, um selbst in der Ebene seine ursprüngliche Geschwindigkeit wieder zu erreichen. Außerdem bestand dabei ständig die Gefahr vor nachfolgenden, schnelleren Reisezügen zwecks Überholung an die Seite gestellt zu werden, was für den Güterzug mit weiteren Verspätungen verbunden gewesen wäre.

Daher war mein Personal bemüht, die jetzt etwa mehr als 20 Minuten betragende Fahrtüberschreitung zumindest nicht noch weiter ansteigen zu lassen. In flotter Fahrt ging es daher mit etwa 70 km/h durch den Bahnhof Haren und weiter durch die von gepflegten Brandschutzstreifen begrenzten, auf san-

042 320 vor dem Lokschuppen des Bw Rheine

digem Boden wachsenden weitläufigen Kiefernwaldungen. Ab der einsamen Blockstelle Hemsen konnte bis zum Bahnhof Meppen erneut ein leichtes Gefälle zur Steigerung der Fahrgeschwindigkeit ausgenutzt werden. Der Bahnhof Meppen wurde von unserem Erzzug kurz vor 9 h ohne die Fahrt zu vermindern durchfahren.

Nach der Bahnhofsausfahrt ging es in eine weite Kurve. Anschließend überquerten wir das Flüsschen Hase auf einer stählernen Brücke, fuhren darauf an der Blockstelle Teglingen vorbei und röhrten wenige Minuten später mit 80 km/h durch den Bahnhof Geeste. Noch rund 40 Kilometer bis Rheine! Mit unverminderter Geschwindigkeit ging es nun in den Abschnitt bis Holthausen, dessen Gleisanlagen Ausgangspunkt für die fast ausschließlich von 042 beförderten Ölzüge der dort ansässigen Raffinerien war. In wenigen Minuten würden wir Lingen erreicht haben.

Unser Zug war gut in Fahrt, alle Signale zeigten grün oder einen Flügel und wohl niemand von uns dachte daran, dass sich uns bis Rheine noch irgendein weiteres betriebliches Hindernis in den Weg stellen würde. Ich meinte, dass Wilhelm Smit immerhin bereits zwei oder drei Minuten herausgefahren hatte. Aber bereits wenige Augenblicke später wurden wir eines besseren belehrt: Wir bekamen die Quittung für die nur geringe und zudem noch unverschuldete Verspätung! Das in Sicht kommende Einfahrtsignal Lingen ließ mit den Stellungen Hp 2 mit Vr 0 (Langsamfahrt und Zughalt erwarten) wahrhaftig nichts Gutes erwarten. Auch Meister Smit wusste anfangs nicht, was diese erneute Behinderung zu bedeuten hatte, meinte dann aber, dass bestimmt das eingleisige Nadelöhr bei Hanekenfähr der Grund sein müsse.

Es war genau 9.20 h, als Herr Smit seinen Erzzug im Bahnhof Lingen ausrollen ließ und vor dem auf Halt stehenden Signal der Ausfahrgruppe zum Stehen kam. Und nun klärte sich auch der Grund des plötzlichen Halts: Um 9.12 h war nämlich der Saisonschnellzug D 1731 in Rheine in nördliche Richtung abgefahren und befand sich jetzt bestimmt schon in Salzbergen. Aus diesem Grund hatte man, um die ungehinderte Durchfahrt des Schnellzuges durch Hanekenfähr nicht zu gefährden, sicherheitshalber unseren Erzzug in Lingen zwecks Abwarten der Kreuzung in die Ecke gestellt. Und dies, obwohl die Kreuzung beider Züge mit größter Wahrscheinlichkeit irgendwo in der Nähe des Bahnhofs Leschede stattgefunden hätte, wenn man unseren gut rollenden Zug nicht zum Halten gebracht hätte. Wilhelm Smit und Peter Post waren sauer, denn dies alles ging von ihrer wohlverdienten Pause in der Kantine des Bw Rheine ab. Sie konnten daran aber auch nichts ändern. Man überbrückte die Zeit damit, um die Wasservorräte der Lok aus dem nahen Gelenkwasserkran schon mal aufzufüllen.

Auch ich ertappte mich dabei, dass ich häufiger als sonst auf die Uhr schaute. Pünktlich um 9.31 h kam der von 012 063 geführte Seebäderzug auch schon angerauscht, um ohne Halt in Lingen durchzufahren. Es war ein Durchläufer, der erst wieder um 10.20 h im Bahnhof Leer seinen nächsten Halt hatte. Wenige Minuten später ging der Signalflügel für uns in die Höhe und wir durften uns wieder in Richtung Rheine in Bewegung setzen. Unendlich langsam nur nahm unser schwerer Zug wieder Fahrt auf. Kurz darauf beschlich mich ein Verdacht, denn der aus Norddeich-Mole kommende Eilzug E 3260 dürfte auch nicht mehr sehr weit entfernt sein. Durch die erneute Zeitverzögerung würde er uns bald im Nacken sitzen. Auch Meister Smit hatte sicherlich den selben Gedanken, als ich ihn dabei ertappte, dass er mit einem bedenklichen Gesicht auf seine Armbanduhr schaute.

Wir hatten uns nicht getäuscht, denn es kam wie es kommen musste: Nach dem Passieren des Atomkraftwerks Lingen, der als Langsamfahrstelle ausgewiesenen Blockstelle Hanekenfähr und der gleichnamigen eingleisigen Brücke über den Dortmund-Ems-Kanal ging es gegen 9.55 h in Elbergen erneut auf das Überholgleis. Um 10.05 h war es dann soweit: Der E 3260 mit seiner Lokomotive 012 081 tauchte aus der Kurve auf und röhrte mit etwa 100 km/h an uns vorbei. Da ich auf das Dia nicht verzichten wollte, hatte ich Herrn Smit gebeten eine Aufnahme zu schießen, während ich die Filmkamera bediente. Lei-

042 241 vor dem Nahgüterzug Ng 65661 hat Ausfahrt aus dem Bahnhof Rheine

Ausblick aus dem Führerstand von 042 024 vor Ng 65661

der ließ er aus Unerfahrenheit den Eilzug nicht nahe genug herankommen und löste ein wenig zu früh aus, sodass der Zug auf dem Bild etwas klein geriet.

Endlich ging es weiter. Jetzt waren wir völlig aus dem Plan geraten und kamen bis Rheine nicht mehr auf Geschwindigkeit. Auf dem folgenden, gut ausgebauten Streckenabschnitt, auf dem wir eigentlich hätten rollen können, fuhren wir derart langsam, dass ein holländischer Eisenbahnfreund keine Mühe hatte, unseren Zug mit seinem Pkw immer wieder einzuholen und ihn fast an jedem Bahnübergang zwischen Elbergen und Leschede fotografieren konnte. Da ich ihm einige Tage später durch Zufall in der Nähe des Bahnhofs Leer wieder begegnete, bat ich ihn um einige Abzüge, auf denen ich auf dem Heizerplatz von 043 636 gut zu erkennen war. Ohne ersichtlichen Grund kamen wir vor der Blockstelle Bentlage nochmals für einige Minuten zum Stehen und erst kurz nach 11 h erreichten wir in einem Schneckentempo – mit mehr als einer Dreiviertelstunde Verspätung – den Bahnhof Rheine Pbf. An dessen Bahnsteigenden warteten weitere Fotografen, die die Bilder des Jahrhunderts schossen. Bis wir schließlich an unserem Fahrtziel Rheine Rbf zum Halten kamen, vergingen noch weitere 15 Minuten.

Hier wurde 043 636 von einem Rangierer abgekuppelt, denn eine 140 (E 40) wartete schon auf dem Nebengleis, um den Erzzug in Richtung Saarland weiterzubefördern. Unsere Lok fuhr zur Restaurierung weiter ins Bw, dessen Drehscheibe von etwa 30 bis 40 Eisenbahnreportern umlagert war. Und das an einem Dienstag, mitten in der Woche! Dies war ein weiteres Zeichen dafür, wie viel begeisterte Anhänger doch die letzten DB-Dampfloks hatten.

Nachdem unsere Lok im Bw versorgt und abgestellt worden war, ging es erst einmal zum verdienten Mittagessen in die Kantine. Da gerade Mittagszeit war, herrschte viel Betrieb. Auch mein Magen meldete sich, denn bis auf den Kanten Brot, den ich kurz vor der Ausfahrt in Emden mit dem üblichen Leitungswasser heruntergespült hatte, hatte ich noch nichts weiter zu mir genommen. Ich holte für uns alle zwei Runden Bier und hatte damit nicht nur meinen Geschmack exakt getroffen.

Nur kurz war die Pause, denn schon bald wurde es Zeit, an die Rückleistung nach Emden zu denken. Auf der Lokleitung erfuhr mein Personal, dass 042 024 heute für den Nahgüterzug Ng 65661 vorgesehen war. Dieser „Lumpensammler" war an diesem Tage mit anfangs 1214 t Zuggewicht recht gut ausgelastet.

Die Rückfahrt ist schnell erzählt. Die übliche, von den vielen Fotografen begleitete Fahrt auf die Drehscheibe und die Anfahrt an den Zug. Gegen 13.30 h ging es wieder auf die Strecke. Unsere 042, deren knallharter Zweizylinder-Auspuffschlag sich deutlich von dem der dreizylindrigen 043 unterschied, hatte ganz schön zu arbeiten. Auch dieses Mal durfte ich über längere Abschnitte den begehrten Heizerplatz einnehmen. Jetzt am Nachmittag waren auch mehr Fotografen als am Vormittag an der Strecke zu sehen. Für unseren Nahgüterzug waren auf mehreren Unterwegsbahnhöfen, z.B. in Meppen, Papenburg und Leer, Rangieraufenthalte vorgesehen. Das bedeutete Waggons abhängen und umsetzen, da nicht überall eine Köf vorhanden war. Dabei wurde, je weiter wir nach Norden kamen, unser Zug mit der Zeit immer kürzer. In Papenburg hatte die Rangieraufsicht eine Flasche 38er Korn dabei, aus der wir nach getaner Arbeit alle kosten durften. Vielleicht hatte der Mann Geburtstag oder es gab einen anderen Grund uns einen auszugeben.

Erst gegen 18.30 h waren wir wieder in Emden. Das Geschehen im Emdener Rangierbahnhof nahm ich gar nicht mehr so richtig in mich auf, denn ich

042 105 vor Ng 65661 auf dem Abschnitt zwischen den Blockstellen Bentlage und Deves

hatte für heute keinen Platz mehr für weitere Eindrücke frei. Ich musste feststellen, dass so ein ganzer Tag Führerstand – selbst nur als Zaungast ohne Verantwortung – doch ganz schön schlauchte. Ich freute mich sehnsüchtig auf mein Bett, doch das stand meilenweit entfernt von hier. Erst hatte ich noch die lange Rückfahrt mit dem Fahrrad nach Ihrhove vor mir!

Nach Austausch der Adressen verabschiedete ich mich ganz herzlich von meinem Lokpersonal. Beide schüttelten erstaunt die Köpfe, als ich ihnen von meiner mir noch bevorstehenden Fahrradfahrt erzählte.

Irgendwie brachte ich aber auch diese Strecke hinter mich. Zum Glück blieb es trocken und es herrschte auch kein Gegenwind. Todmüde fiel ich in meinem Quartier ins Bett, nicht ohne vorher den Wecker auf 5.15 h gestellt zu haben, denn bereits um 5.49 h hielt in Ihrhove der aus Richtung Rheine kommende, von einer 012 geführte Postzug E 14105, mit dem üblicherweise mein Tagewerk begann. Und dieser von einer Schnellzugdampflokomotive geführte Zug war für mich fast immer Ansporn genug, mich – war ich auch noch so müde – aus den Federn zu rollen. Und so etwas nennt sich Urlaub!

042 052 vor Nahgüterzug zwischen Leschede und Elbergen

042 018 wird mit ihrem Nahgüterzug 65661 in Kürze die Blockstelle Deves passieren

042 271 mit Ng 65661 zwischen Hemsen und Haren

042 308 in der Nähe von Lingen

30 Jahre DB-Gleismeßtriebzüge

Die Baureihen 725/726

von Martin & Stephan Zöllner

Jahrzehntelang kontrollierten Streckenläufer das Gleisnetz der Bundesbahn auf augenscheinliche Schäden. Im Laufe der sechziger und siebziger Jahre wurde nach der Beseitigung von Kriegsschäden und durch Oberbauverbesserungen die zulässige Streckengeschwindigkeit im Netz kontinuierlich gesteigert. Anfangs gab es zur Vermessung der Gleislage den großen Gleismeßwagen, der durch Abtasten der Schienen mittels einer Schleifleiste analoge Aufzeichnungen der Meßwerte im Maßstab 1:2 lieferte. Im Ruhrgebiet konnte man lange Jahre für lokale Vermessungszwecke die Gleismeßdraisine Klv 82-96-23 beobachten, die durch ihr eigenwilliges Aussehen bei heruntergeklapptem Meßrahmen den Spitznamen „Schienenschnüffler" erhielt.

Schließlich wurden im Jahre 1974 von der Deutschen Bundesbahn die hier beschriebenen fünf Gleismeßtriebzüge beschafft, um erstmals den geometrischen Gleis- und Weichenzustand des kompletten bundesdeutschen Schienennetzes nach einheitlichen Bewertungskriterien beurteilen zu können. Neben einer Basisbestandsaufnahme zur Festlegung des technisch und wirtschaftlich optimalen Zeitpunktes für Oberbauarbeiten konnten so auch Qualitätsreserven am Fahrweg ergründet und ausgeschöpft werden. Auch die Ergebnisse von Gleisumbauten und Durcharbeitungen waren nun direkt mit dem vorher dokumentierten Bestand vergleichbar. Die Abnahme von Streckenneubauten oblag fortan den neuen Gleismeßtriebzügen, von den Fachleuten kurz GMTZ genannt.

Für lokale, kleinere Gleisvermessungen konnte man in der Direktion Essen bis 1990 auf die betagte Gleismeßdraisine Klv 82-96-23 zurückgreifen, sozusagen die kleine Schwester des GMTZ. Der „Schienenschnüffler" ist mittlerweile im Eisenbahnmuseum anzutreffen, am 28. Februar 1988 steht er noch in Diensten und macht gerade eine Pause in Hagen Hbf

Foto: Martin Zöllner

Die Industrie entwickelte den Gleismeßwagen VS 726 in enger Zusammenarbeit mit dem Bundesbahnzentralamt München. Dieses von MBB (vormals WMD Donauwörth) gelieferte Fahrzeug ohne eigenen Antrieb basierte lauftechnisch auf der Baureihe 998, der Aufbau entspricht der Konstruktion der Turmtriebwagen (TVT 701). Zur Beförderung der Meßwagen entschied man sich zum Umbau von ausgemusterten Schienenomnibussen der Baureihe 798, die im Ausbesserungswerk Kassel zu Motorwagen der Reihe VT 725 umfunktioniert wurden.

Die aus VT 725 und VS 726 gebildeten Einheiten gehören zu den Nebenfahrzeugen mit Kraftantrieb und verkehren als Schwerkleinwagen (Skl). Technisch sind sie seitdem als Wendezug mit direkter Steuerung unterwegs.

Die Beheimatung der GMTZ gliederte sich anfangs auf verschiedene Standorte in fünf Bundesbahndirektionen (BD). Jeder Zug betreute meßtechnisch eine Nachbardirektion mit. Im einzelnen ordnete die DB die Züge wie folgt zu:

- GMTZ 001 (Gleisbauhof Augsburg-Oberhausen), Bw Augsburg, BD München und Karlsruhe,
- GMTZ 002 (Gleisbauhof Hanau), Bw Darmstadt, BD Frankfurt und Saarbrücken,
- GMTZ 003 (Gleisbauhof Hannover-Leinhausen), Bw Braunschweig, BD Hannover und Hamburg,
- GMTZ 004 (Gleisbauhof Opladen), Bw Wuppertal-Steinbeck, BD Köln und Essen und
- GMTZ 005 (Gleisbauhof Nürnberg), Bw Nürnberg, BD Nürnberg und Stuttgart

Die Züge 001 und 002 waren von Anfang an mit elektronischen Einrichtungen für die einheitliche, digitale Erfassung der geometrischen Oberbauzustände ausgerüstet. Die Erprobung der digitalen Registrierung und Auswertung mit Hilfe sogenannter Analysatoren (Vorläufer heutiger Computertechnik) oblag den Gleisbauhöfen Augsburg-Oberhausen und Hanau.

In den Folgejahren von 1976 bis 1979 fanden umfangreiche Untersuchungen und Verbesserungen an der Meßtechnik sowie dem Analysiersystem statt. Schließlich führte das Bundesbahnzentralamt 1980 eine Großerprobung mit ihren GMTZ durch, um das digitale Bewertungssystem für alle fünf Einheiten zur Anwendungsreife weiterzuentwickeln.

725 / 726 001 gehörten zum Bestand des Bw Augsburg. Der Einsatzbereich lag in den Direktionsbereichen München und Stuttgart. Am 9. Juli 1984 wartet der Zug im Bw Heidelberg auf den nächsten Einsatz Foto: Martin Zöllner

Typisch für die Gleismeßtriebzüge: Die Strecke wird bis zum letztmöglichen Meter erfaßt. Am Streckenende in Raubach (Strecke Altenkirchen – Siershahn, ex-KBS 421) sehen wir hier eher den Besuch eines botanischen Gartens Foto: Detlef Frasch

Die Einsatzleistung beträgt etwa 40 000 km im Jahr, die Einsätze finden in der Regel von März bis Dezember statt. Nach Umwandlung der Deutschen Bundesbahn in die DB AG ordnete man die Fahrzeuge dem Forschungs- und Technologiezentrum Minden unter dem Dach des Geschäftsbereiches DB Netz AG zu.

Kriterium für die Häufigkeit der einzulegenden Meßfahrten ist heute ausschließlich die zulässige Streckenhöchstgeschwindigkeit der jeweiligen Trasse. Folgende Intervalle sind vorgeschrieben:

zulässige Streckenhöchst-geschwindigkeit	Meßintervall:	Maximale Zeitfrist:
< 80 km/h	alle 18 Monate	24 Monate
80 – 120 km/h	alle 12 Monate	16 Monate
121 – 160 km/h	alle 6 Monate	8 Monate
161 – 230 km/h	alle 3 Monate	4 Monate
> 230 km/h	alle 2 Monate	3 Monate

Als Besteller der Fahrten tritt der jeweilige Anlagenverantwortliche auf. Dieser legt gegebenenfalls auch kürzere Zeitfristen fest, so z.B. in Bergsenkungsgebieten oder Bereichen mit schwierigen Untergrundverhältnissen, hohen Belastungen oder besonderen Oberbauverhältnissen. Eine Verlängerung der Intervalle über die oben genannten Höchstgrenzen ist nicht zulässig.

Zur Bewertung der Gleisanlagen privater Bahngesellschaften werden die GMTZ regelmäßig angemietet. So verkehrt beispielsweise der Wagen 004 auch auf den Gleisen von WLE, Dürener Kreisbahn, Regiobahn Neuss, AKN, HGK, Westerwaldbahn, Vulkaneifelbahn sowie dem Siemens-Prüfring Wegberg, der 005 nimmt unter anderem die Gleise der Regentalbahn unter die Achsen.

Auch Auslandseinsätze konnten die Fachleute schon verbuchen. Wird bei bundesgrenzüberschreitenden Strecken in der Regel nur der Abschnitt bis zur Landesgrenze gemessen, wurde im Auftrag der Spanischen Staatsbahn RENFE zur Abnahme der regelspurigen Neubaustrecke Madrid – Sevilla im Jahre 1991 für diese Aufgabe der Nürnberger Zug 725 / 726 005 mit Personal abgeordnet. Nach Anpassung der Fahrzeugblattfedern gelangte die Einheit mit eigener Kraft von Kehl aus über Paris quer durch Frankreich bis Irun (Nordspanien). Aufgrund der in

Die GMTZ werden auch für die Kontrolle des Gleisnetzes von Privatbahnen angemietet. Am 10. September 1991 besuchte der „004" zum Beispiel die Westfälische Landeseisenbahn. Während WLE Lok 34 mit dem Dg 319 nach Warstein gerade den Bahnhof Beckum verläßt, genießt das Meßzugpersonal die kurze Mittagspause

Foto: Martin Zöllner

Am Nachmittag des selben Tages konnte man 726 / 725 004 dann auf dem Weg nach Lippstadt im malerischen Bahnhof Wadersloh neben dem markanten Wasserturm aus früheren Zeiten antreffen

Foto: Martin Zöllner

Auch die Westerwaldbahn bereist der „004", hier am 1. Oktober 1992. Die Meßfahrt von Scheuerfeld nach Oberdreisbach wurde jedoch in Weitefeld vom Meßzugleiter abgebrochen. Grund waren die zu erwartenden Schäden an den Bisselachsen aufgrund des extrem desolaten Oberbaus. Auf der Rückfahrt sehen wir das Gespann in Gebhardshain-Steinebach

Foto: Martin Zöllner

Wegen eines fehlenden Gleisabschnittes werden 725 005 und 726 005 bei ihrem Spanienaufenthalt mittels Straßenschwerlasttransporter über die Nationalstraße um Córdoba herum transportiert, um den nächsten zu messenden Streckenteil nach Sevilla zu erreichen (August 1991)

Foto: Uwe Richter

Ankunft des GMTZ 005 an der regelspurigen, spanischen Neubaustrecke Sevilla – Madrid bei Almodovar del Rio, August 1991

Foto: Uwe Richter

Unterhalb einer typisch spanischen Festung nahe Almodovar del Rio stehen der aufgeladene 726 005 sowie zwei Autokräne bereit, um den Meßzug wieder auf Regelspurschienen zu setzten, August 1991

Foto: Uwe Richter

Zwei Autokräne hieven den 726 005 auf die Gleise der Neubaustrecke Sevilla – Madrid, August 1991 Foto: Uwe Richter

Die Abnahmemeßfahrt Córdoba – Sevilla führte den Nürnberger GMTZ 005 im September 1991 durch die typische, andalusische Landschaft Foto: Uwe Richter

Dem Flußverlauf des Guadaloquivir folgend lugt 726 / 725 005 bei Almodovar aus einem kurzen Tunnel, September 1991

Foto: Uwe Richter

Verladung für den Rücktransport nach Deutschland: 726 005 hängt an Traversen von zwei Autokränen und wird sogleich auf Straßentieflader verladen, um quer durch Spanien bis vor die französische Grenze transportiert zu werden. (September 1991)

Foto: Uwe Richter

Normalerweise stehen sie immer hintereinander, hier sind sie zwangsweise einträchtig nebeneinander zu sehen: links der Motorwagen 725 005, rechts der Meßwagen 726 005 während einer Übernachtungspause im spanischen Inland, September 1991

Foto: Uwe Richter

Auf dem Heimweg von Spanien nach Deutschland trifft der GMTZ 005 von Irun kommend am 7. September 1991 nahe Straßbourg auf die hier tätigen französischen E-Loks BB 15038 und BB 12048 Foto: Uwe Richter

Spanien vorhandenen Streckeninfrastruktur (Breit- und Schmalspurstrecken) traf der Zug nach Transport per Straßentieflader in Parla bei Madrid ein, wo er auf die Regelspurgleise der Neubaustrecke aufgesetzt werden konnte.

Für die betriebliche Abwicklung der Fahrten gelten bei der DB die nachfolgend kurz erläuterten Anweisungen. Der GMTZ hat im Einsatz Vorrang vor Güterzügen und Zügen des Nahverkehrs. Es wird grundsätzlich das durchgehende Hauptgleis einer Strecke gemessen. Sollte die Fahrt in ein Nebengleis ausweichen müssen, so ist bei ihrer Fortsetzung in das Hauptgleis zurückzusetzen, um eine vollständige Erfassung zu ermöglichen. Vor jeder Fahrt müssen die Spurrillen an Bahnübergängen profilfrei gereinigt werden..

Die diensthabenden Fahrdienstleiter müssen beim Verkehren des Zuges mit abgesenkten Meßvorrichtungen mit einer fehlerhaften Beeinflussung von Achszählern rechnen. Bei einer Störung ist das Frei-

Auch der Bahnhof Krummenerl wurde am 18. Juli 1989 angesteuert. Auf der Rückfahrt als Dsts 81956 (Krummenerl – Brügge) konnte der GMTZ 004 auf der Fischbauchträgerbrücke bei Scherl im Bild festgehalten werden Foto: Stephan Zöllner

Die Einheit 725 / 726 004 hat am 30. August 1988 von Wennemen aus den Endbahnhof Schmallenberg im Sauerland erreicht. Ehe es als Überführungsfahrt Dsts 81957 ins Obere Ruhrtal zurückgeht, werden zuvor die Meßachsen in ihre obere Endstellung angehoben

Foto: Stephan Zöllner

Das imposante Reiterstellwerk „Bf" des Bahnhofs Brügge / Westfalen passieren 726 / 725 004 am 18. Juli 1989 als Dsts 81950 von Hagen Hbf. Nach dem Kopfmachen am Bahnsteig geht die Fahrt weiter in die Bergstadt Lüdenscheid

Foto: Stephan Zöllner

Im Jahr 1989 war die ehemalige Kursbuchstrecke 361 Finnentrop – Olpe – Betzdorf noch bis zur Anschlußstelle Brandt und Kritzler in km 33,9 befahrbar. 726 / 725 004 haben soeben den Abschnitt am 19. Juli 1989 gemessen und kehren nun als Dsts 81953 nach Olpe zurück, hier aufgenommen im Bahnhof Rothemühle. Wegen der anschließenden Meßfahrt nach Drolshagen wurden die Bisselachsen erst nicht angehoben

Foto: Martin Zöllner

Am 22. März 1991 stand die jährliche Meßfahrt auf der Nebenbahn Wennemen – Schmallenberg auf dem Programm. Im Vorfeld befürchtete man aufgrund des desolaten Oberbauzustandes zwischen Heiminghausen und Fredeburg sowie enormer Gleisschäden im Bereich Gleidorf (von den Stahlschwellen abgerostete Schraubverbindungen) die Sofortsperrung der Strecke aus technischen Gründen, die seinerzeit schon der Cronnenbergbahn in Wuppertal wiederfuhr. Durch einige Eisenbahnfreunde bekam die Meßfahrt ein „Letzte Fahrt"-Schild verpaßt. Die Toleranzmaße wurden stellenweise nur um Millimeter unterschritten, die Strecke sprang „dem Tod" noch einmal von der Schippe. Das Schild konnte in Schmallenberg wieder entfernt werden. Eine Meßfahrt bis Schmallenberg fand in den Folgejahren nicht mehr statt, Brückenschäden machten dieser fortan nur noch von Güterzügen befahrenen Bahn im letzten, kurzen Abschnitt erst am 16.September 1996 endgültig den Garaus (726 / 725 004 als Dsts 81951 bei Niederberge) Foto: Martin Zöllner

sein des betreffenden Gleisabschnittes festzustellen, bevor andere Züge dort einfahren dürfen. Die Meßachsen sollen grundsätzlich nur in Bahnhöfen und nach Verständigung des Fahrdienstleiters gesenkt oder gehoben werden. In dem Gleis darf sich dann kein anderes Fahrzeug befinden, es darf erst nach Räumung durch den Meßzug und Beseitigung der Störungen der Achszählkreise wieder genutzt werden. Der Fahrdienstleiter gibt die Zustimmung zur Abfahrt erst nach Weisung des Meßzugleiters.

Die Fahrten mit abgesenkten Meßeinrichtungen sind in den Fahrplananordnungen als Meßfahrt gekennzeichnet. Die Fahrzeuge dürfen nach Abstellung bei Dienstende ohne Zustimmung des Leiters nicht mehr bewegt werden. Es müssen eine Tankmöglichkeit, ein Wasseranschluß und ein Netzanschluß 380 V / 16 A am Übernachtungsstandort vorhanden sein, die Inneraumtemperatur des Messwagens darf 40°C nicht über- und 0°C nicht unterschreiten. Sollten die Grenzwerte bei einer Meßfahrt mehrfach stark überschritten werden, ordnet der Meßzugleiter die sofortige Sperrung dieses Gleisabschnittes wegen Betriebsgefahr an.

Bei den Fahrten kommt es immer wieder einmal zu betrieblichen Besonderheiten, so zum Beispiel die Mitführung des Meßzuges am Schluß von Zügen des Regelverkehrs.

Der Gleismeßzug wird heute in der Regel durch drei Mann Personal bedient, von denen immer zwei eine Triebfahrzeugführerbefähigung besitzen. Der Meßzugleiter wird von einem Helfer unterstützt, der Dritte fährt den Zug. Früher bediente dieser während der Messungen das damals noch benötigte manuelle Gerät zur Erfassung der Bauwerke und Weichen, den Triebfahrzeugführer stellte seinerzeit ein dem Standort nahes DB-Betriebswerk.

Der Gütertarifpunkt Büren wurde am 1. Januar 1996 geschlossen. Damit war die Strecke von Paderborn ab diesem Datum ohne Zugverkehr. Am 25. April 1996 ließ sich der GMTZ nochmals als letzte Fahrt unter DB-Regie hier blicken (Aufnahme des Dsts 81935 auf dem Viadukt Niederntudorf). Für die fünf nachfolgenden Jahre war es der letzte Zug, nach Übernahme und Aufarbeitung der Bahnlinie duch die WAB gibt es aber seit März 2001 wieder bedarfsweisen Güterverkehr und saisonale Dampfzugfahrten Foto: Martin Zöllner

218 146 verläßt mit dem E 3180 (Winterberg – Aachen) am 15. August 1989 die Winterberger Hochfläche. Am Schluß des Zuges läßt sich mangels geeigneter Fahrplantrasse der GMTZ 004 bis Bestwig mitbefördern Foto: Martin Zöllner

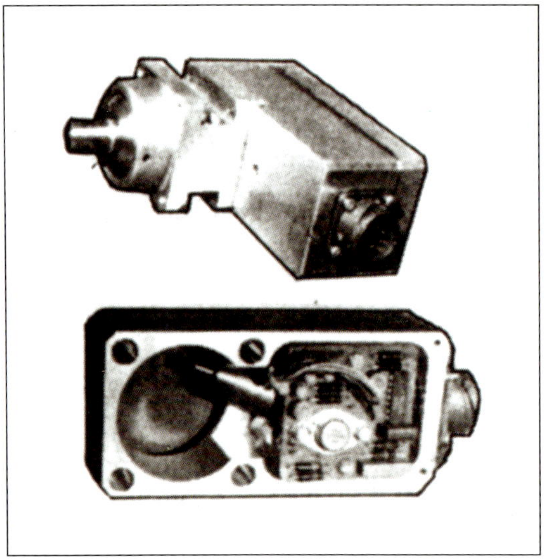

Lineare Wegaufnehmer greifen die Ausschläge der Taster ab

Der Meßtisch im 726 mit laufender Aufzeichnung des Analogschreibgerätes Foto: Detlef Frasch

Die geometrischen Daten werden am Gleis mechanisch durch jeweils sechs Taster vertikal und horizontal gegenüber der Basis (Fahrzeugrahmen) abgegriffen und mit Hilfe von Meßwertwandlern in elektrische Signale umgeformt und somit in digitale Daten überführt. Das Analogschreibgerät zeichnet am Meßtisch die Ergebnisse im Maßstab 1:1 auf, früher gab es auch Aufzeichnungen in anderen Maßstäben.

Zusätzlich werden die Daten zum Analysator übertragen, der heute natürlich längst durch einen modernen PC ersetzt ist. Die eigens für die GMTZ entwickelte Software greift auf den sogenannten Streckengrundbaustein zurück, der bereits sämtliche Daten aller Strecken digital beinhaltet. Zur vergleichenden Beurteilung der Ergebnisse ist dabei die Stationierung der Meßstreifen entscheidend. Dazu dienen die Weichenherzstücklücken als Referenzpunkte, deren Eintastung automatisch und hochgenau mittels Magnetschalter erfolgt.

Zur Vermessung der Gleislage tragen die drei Meßachsen Systeme der Firma MATISA. Diese federnden Tastrollen (Rouletts) sind so eingebaut, daß sie sich radial zum Gleisbogen einstellen (Bisselanlenkung). Jede Tastrolle ist auf der gegenüberliegenden Seite mit einem Gegentaster verbunden, welcher beim Durchfahren von Weichen und Kreuzungen das Tastrad am Eintauchen in die Herzstücklücke hindert, dadurch können alle Arten von Weichen (Ausnahme: Rückfallweichen) durchfahren werden. Um auch bei

Detailabbildungen der Tastorgane

Detailaufnahme der vorderen Bisselachse des 726 004, Oberhausen-Osterfeld Süd am 16. Januar 1991 Foto: Martin Zöllner

Eine der Meßachsen im abgesenkten Zustand, gut zu sehen ist hier der Taster (Roulett) für die Spurweitenmessung
Foto: Detlef Frasch

hohen Geschwindigkeiten einen dauernden Kontakt mit der Schiene zu gewährleisten, werden die Rouletts mittels Zugfedern mit dem nötigen Druck an die Schienenwangen angepreßt. Im einzelnen werden folgende Meßergebnisse erzielt:

1) Längshöhe = vertikale Unebenheiten der linken und rechten Schiene

2) Verwindung = Änderung der Überhöhung über eine definierte Basislänge. Der Wert könnte direkt gemessen werden, errechnet sich aber heute mathematisch.

3) Spurweite = Abweichungen bezogen auf das Grundmaß 1435 mm werden durch die beiden an den Schienen entlanggeführten Tastrollen der mittleren Bisselachse ermittelt

4) Überhöhung = Höhenunterschied zwischen den beiden Schienenoberflächen des Gleises. Als Vertikale Bezugsrichtung dient ein unter dem Meßtisch eingebautes Kreiselpendel, das durch einen zusätzlichen Kreisel wirksam gedämpft wird.

Ein Öldämpfer vernichtet die von den Dämpferkreiseln aufgenommene Schwingungsenergie. Die vom Kreiselpendel aufgenommenen Wank- und

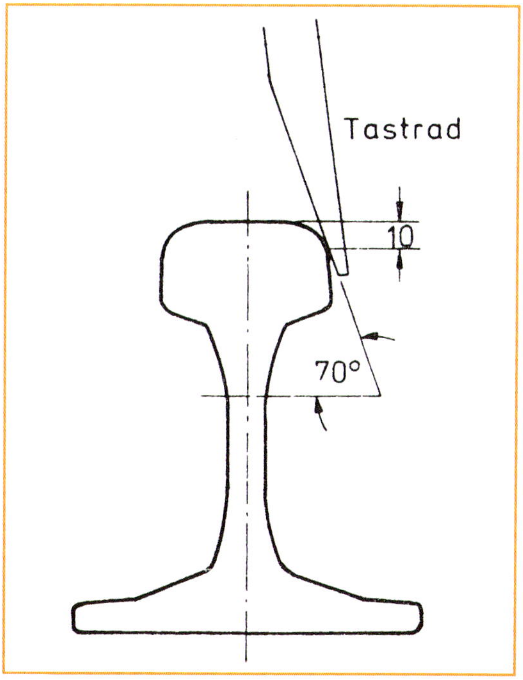

Detailansicht der Spurweitenabtastung

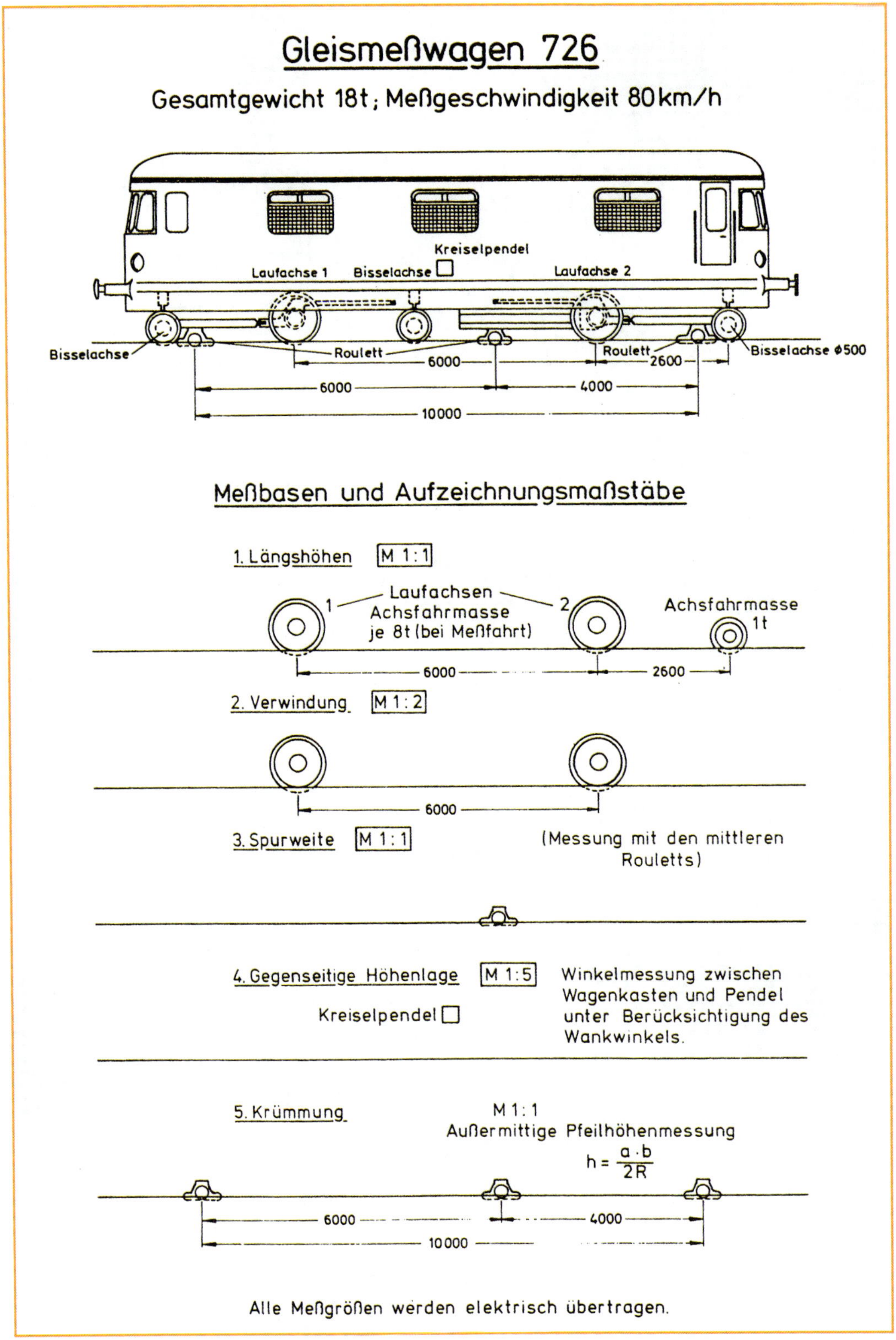

Übersicht der Meßbasen des Gleismeßwagens VS 726

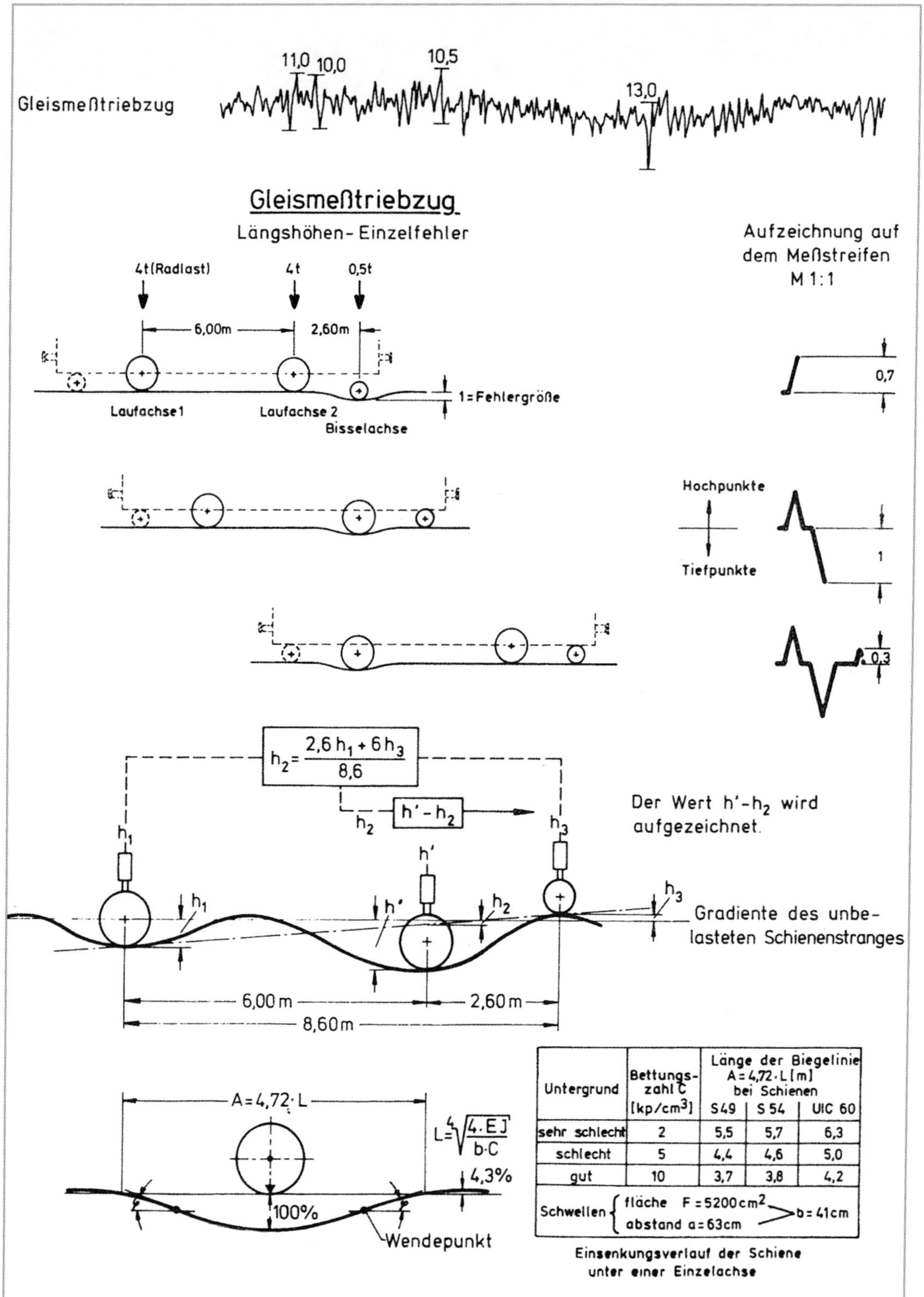

Untergrund	Bettungszahl C [kp/cm³]	Länge der Biegelinie A = 4,72 · L [m] bei Schienen S49	S 54	UIC 60
sehr schlecht	2	5,5	5,7	6,3
schlecht	5	4,4	4,6	5,0
gut	10	3,7	3,8	4,2
Schwellen { fläche F = 5200 cm² / abstand a = 63 cm } > b = 41 cm				

Beschreibung der Längshöhenaufzeichnung

Am 10. März 2003 erreichte der GMTZ 004 an der Mole in Norddeich seinen planmäßig nördlichsten Anlaufpunkt

Foto: Detlef Frasch

Fliehkräfte des Wagenkastens werden in zweifacher Weise korrigiert:

Um die seitliche Neigung des Wagenkastens gegenüber den Schienen auszuschalten wird der Winkel zwischen Wagenkasten und einer der Fahrachsen durch Meßwertgeber abgegriffen und mit Hilfe einer Differentialeinheit vom Winkel zwischen Wagenkasten und Kreiselpendel addiert oder subtrahiert

Zum Ausgleich (Kompensation) der Fliehkraft ist ein proportional zur Fahrgeschwindigkeit angetriebenes Korrekturkreisel eingebaut. Das vom Kreisel erzeugte Reaktionsmoment wirkt dem Einfluß der Fliehkraft auf das Pendel entgegen und ermöglicht eine vollständige Kompensation derselben bei jeder beliebigen Fahrgeschwindigkeit.

5) Krümmung (Pfeilhöhe, Stichmaß im Bogen) = Pfeilhöhen werden getrennt für die linke und rechte Schiene gemessen, die Aufzeichnung bezieht sich auf eine durch drei Meßzugachsen gebildete Sehne mit zehn Metern Länge. Zur Beurteilung der Gleislage dient das vom Rechner ermittelte Gesamtsignal. Der Grundwert ORE-Vw beträgt 100, das entspricht 100 Prozent, der zulässige Grenzwert liegt bei 130.

Die aktuelle Aufgabenverteilung der Fahrzeuge, die heute bei der DB Netz AG alle unter der Flagge des FTZ Minden, Abteilung NBI 4 Fahrwegmessung unterwegs sind, sieht zur Zeit wie folgt aus: Der GMTZ 001 ist stillgelegt und dient als betriebsfähiges Reservefahrzeug sowie als Ersatzteilspender, er ist in Minden hinterstellt. GMTZ 002 hat heute seinen Standpunkt in Hanau und ist im Bereich der Netz-Niederlassung Nord/Mitte für die Bezirke Saarbrücken, Mainz, Frankfurt, Kassel, Hannover und Bremen zuständig. In Augsburg findet man den GMTZ 003, in der Niederlassung Süd-West in den Bezirken Karlsruhe, Stuttgart, Ulm, Freiburg, Augsburg und München unterwegs. 725 / 726 004 startet heute von Hagen aus zu den Zielen in den Bezirken Osnabrück, Hamm, Hagen, Köln und Koblenz im Bereich der Niederlassung West. Schließlich ist noch der GMTZ 005 aufzuführen, der in der Niederlassung Süd für die Bezirke Würzburg, Nürnberg und Regens-

725 / 726 004 bei Wartungsarbeiten an der Meßtechnik in der Halle des FTZ Minden

Foto: Detlef Frasch

Auf der Schiebebühne im Werk Neustrelitz zeigt sich der GMTZ 004, der hier zur jährlichen Untersuchung eingerückt ist

Foto: Detlef Frasch

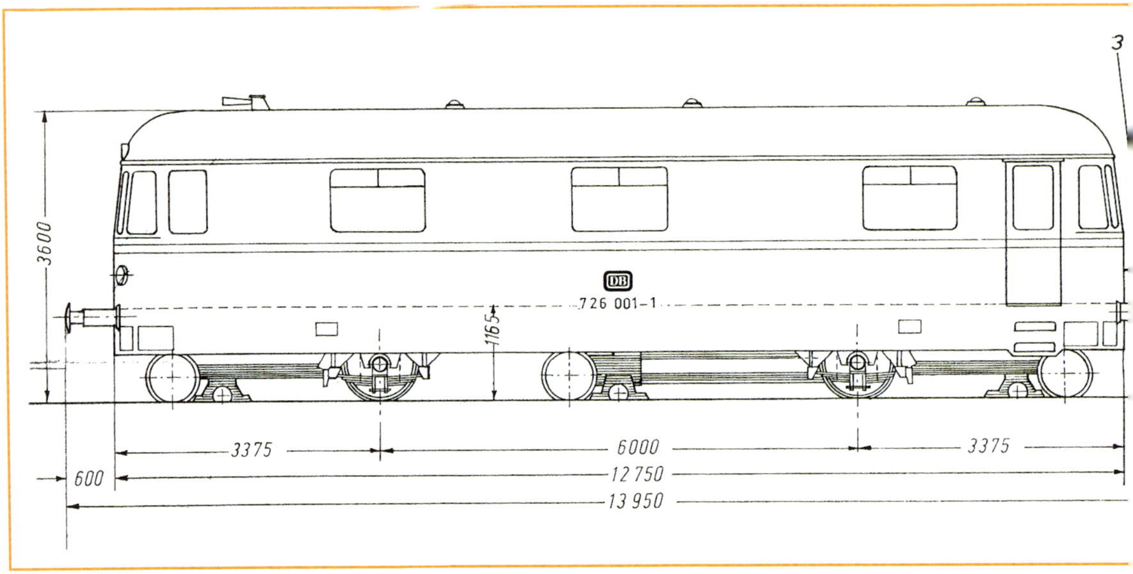

Seitenansicht des Gleismeßtriebzuges.

burg sowie weitab der Heimat für den Bezirk Hamburg zuständig ist.

Unterhaltungsstelle für die Fahrzeug- und Lauftechnik war früher das DB-Ausbesserungswerk Kassel. Heute führt diese Arbeiten das zur Firmengruppe der Prignitzer Eisenbahn gehörende Werk Neustrelitz durch, die Züge sind hier einmal jährlich zur Wartung zugegen. Fristarbeiten an den Fahrzeugen führen den Standorten nahegelegene Betriebshöfe durch. Die Meßtechnik hielten früher die jeweiligen Gleisbauhöfe und die Versuchsanstalt Minden in Schuß, heute ausschließlich das Forschungs- und Technologiezentrum Minden.

Technische Daten beider Fahrzeuge:

- Last: 4 Achsen / 38,9 t
- Gesamtlänge über Puffer: 26800 mm
- Höchstgeschwindigkeit: Überführungs- und Meßfahrt 90 km/h
- Spurweite: 1435 mm
- Achsstand: 6000 mm
- Größte Breite: 3000 mm
- Sicherheitsfahrschaltung, Induktive Zugsicherung, Zugbahnfunk
- Zug- und Stoßeinrichtungen: Vorn und Hinten Haken-Schraubenkupplung mit Hülsenpuffern
- Zwischen den Fahrzeugen wurde 1985 die Regelhakenkupplung mit Hülsenpuffern gegen eine Scharfenberg-Mittelpufferkupplung getauscht, Auslöser war die Verfälschung von Meßergebnissen bei geschobenem VS 726.
- Ablaufberge, Gleiswaagen, Drehscheiben und Rückfallweichen dürfen mit abgesenkten Meßachsen nicht befahren werden.
- Befahrbarer Mindestradius 120 m
- Wechselsprechanlage zwischen VT und VS
- Warmluft-Ölheizung
- Gelbe Lackierung, seit 1989 tragen die Triebzüge das Landeswappen ihres jeweiligen Beheimatungsbundeslandes

Technischen Daten der VS 726:

- 2 Fahrachsen
- 3 Meßachsen (Bisselachsen) mit elektrischer Hub- und Absenkvorrichtung
- Gewicht 18,0 t
- Länge über Puffer 13400 mm
- Achsstand Fahrachsen 6000 mm
- 1 Führerstand

Technische Daten der VT 725:

Die aus umgebauten Regelschienenomnibussen der Baureihe 798 stammenden Triebfahrzeuge weisen einen für die Bedürfnisse abweichenden Innenausbau auf. Für das Personal wurden neben einem Aufenthaltsraum mit kleiner Küche im Bereich des ehemaligen Führerpultes II auch zwei Schlafkabinen so-

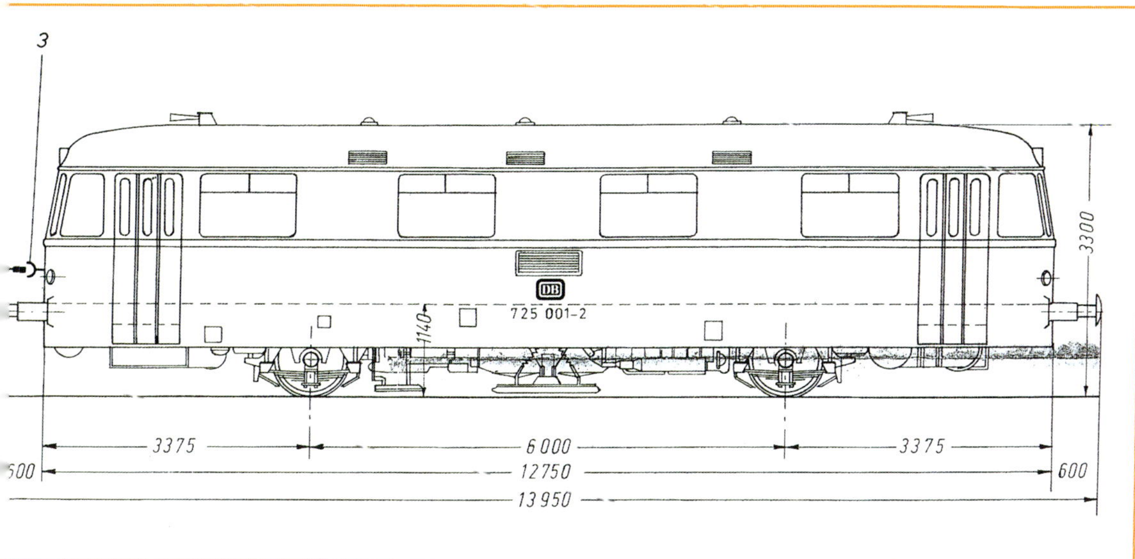

Die Hakenkupplung zwischen den Fahrzeugen wurde 1985 durch eine Scharfenbergmittelpufferkupplung ersetzt

wie ein Raum mit Werkbank für kleinere Reparaturarbeiten und eine Toilette eingebaut. Zwei Unterflur angebrachte Büssing-Dieselmotoren mit sechs Zylindern vom Typ U 10 bringen über Gelenkwellen-Radsatzgetriebe jeweils 110 kW (=150 PS) Antriebskraft auf die Schienen. Bei einem Durchschnittverbrauch von 75 Litern auf 100 km und 2 x 200 Liter Tankvolumen haben die Züge eine Reichweite von etwa 450 Kilometern.

Die Motoranlage 1 treibt zusätzlich eine Ölpumpe für den Betrieb der Klimaanlage an, ein zusätzlicher Zweizylinder-Dieselmotor (HAZ) betreibt das 380-V-Stromaggregat. Das Dienstgewicht beträgt 20,9 Tonnen bei einer Länge über Puffer von 13 400 mm. Die Radsätze haben bei zwei Achsen die Anordnung 'Bo'. Das elektromechanische Schaltgetriebe mit fünf Magnetkupplungen bietet sechs Gänge. Neben dem Luftpresser vom Typ Knorr V70/155 dient ein Webasto-Kühlwasservorwärmgerät zum Vorwärmen und Warmhalten der Maschinenanlage. Folgende Bremssyteme sind vorhanden: Handbremse, indirekt wirkende Druckluftbremse und die schienenbustypische Magnetschienenbremse. Im 725 004 wurde in den achtziger Jahren nachträglich eine von den Schienenbussen 798 531 bis 600 her bekannte Motorbremse für den Steilstreckenbetrieb eingebaut, die

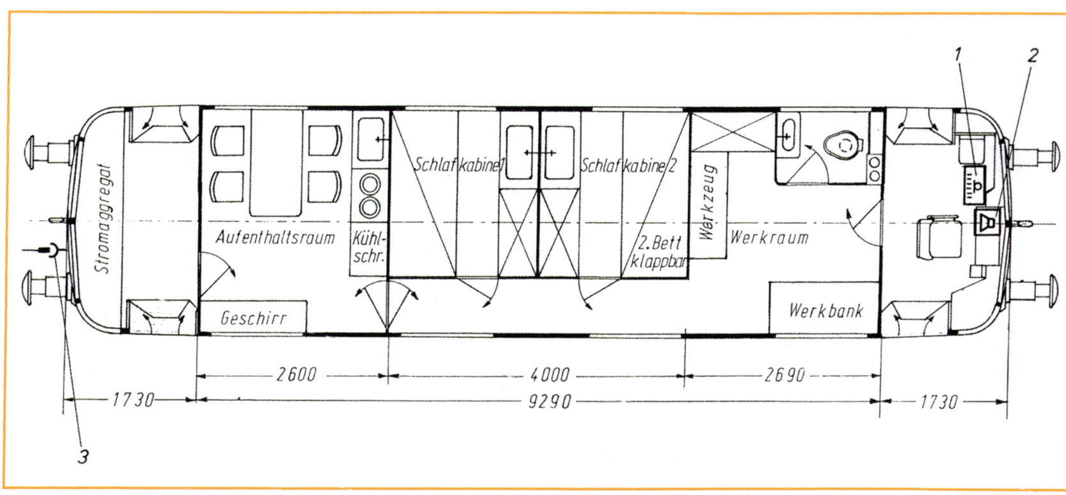

Inneneinrichtung des Motorwagens BR 725

Auf der landschaftlich äußerst reizvollen, durch das Wittgensteiner Bergland führenden Strecke Erndtebrück – Laasphe erreicht die Einheit 725 / 726 004 am 20. Juli 1989 als Dsts 81954 nach Wallau den Bahnhof Oberndorf Foto: Martin Zöllner

Nach technischen Problemen mit einer der beiden VT-Motorenanlagen nach der Überquerung des Rothaargebirges läßt sich der Fahrdienstleiter in Wallau überzeugen, den Gleismeßtriebzug bei der Rücküberführungsfahrt am Schluß des zur damaligen Zeit einzigen Personenzuges nach Erndtebrück mitzuführen. Am 20. Juli 1989 entstand bei Feudingen das Bild des Nto 5762 (Marburg-Erndtebrück), bestehend aus 998 841 + 998 140 + 798 823 + 725 004 (ex 798 674) + 726 004
Foto: Martin Zöllner

Von Erndtebrück bis Kreuztal konnte der „004" am Ende des „Anschlußzuges" E 3328 (Bad Berleburg – Siegen) eingestellt werden, befördert von der Siegener 212 164, hier aufgenommen bei Lützel (20. Juli 1989) Foto: Martin Zöllner

Am 15. August 1989 stand die Strecke Brilon Wald – Alme auf dem Plan. Wir sehen 725 / 726 004 als Meßfahrt Dsts 81951 bei Gudenhagen Foto: Stephan Zöllner

Ankunft des Dsts 81951 im ungenutzten Bahnhof Alme. Das nach Paderborn weiterführende Gleis ist bis Büren an die VEW verpachtet, weshalb der GMTZ 004 hier umkehrt. Als Dsts 81952 geht es zurück nach Brilon Wald

Foto: Stephan Zöllner

Inzwischen sind die Felder durch den Neubau der Briloner Umgehungsstraße B 251n im Bereich Hölsterloh verschwunden. Am 15. August 1989 war auch die Telegrafenleitung noch vorhanden (Überführungsfahrt Dsts 81952 Alme – Brilon Wald)

Foto: Stephan Zöllner

Bis Mai 1992 führte die Strecke Bestwig – Winterberg im Hochsauerland weiter nach Hallenberg, wo 725 / 726 004 am 15. August 1989 von Dsts 81956 auf 81957 wenden

Foto: Stephan Zöllner

Drei Tage später, am 18. August 1989 konnte man 725 / 726 004 im selten von Schienenfahrzeugen erreichten Bahnhof Eslohe beobachten. Als Dsts 81958 (Wenholthausen – Eslohe) durchfährt er den Bahnhof bis zum Streckenende in km 21,75 bei Niedereslohe Foto: Martin Zöllner

Nach dem letzten großen Gleisumbau im Bereich Darscheid kam am 29. Mai 1990 der für die BD Frankfurt und Saarbrücken zuständige 725 / 726 002 zur Abnahme der abgeschlossenen Oberbauarbeiten auf die Eifelquerbahn. Im Bahnhof Daun sehen wir den Dsts 81932 (Gerolstein – Mayen Ost) bei der Zuglaufmeldung. Heute ist hier der GMTZ 004 auf der privatisierten Infrastruktur zuständig Foto: Stephan Zöllner

Unterhalb der Ruine Monreal wurde die Rückleistung Dsts 81933 (Mayen Ost – Gerolstein) bildlich festgehalten (GMTZ 002 am 29. Mai 1990)

Foto: Martin Zöllner

Im Bahnhof Uersfeld/Eifel kam es am 29. Mai 1990 zur Zugkreuzung zwischen der Schienenbuseinheit 798 705 + 998 034 + 998 914 und 726 002 + 725 002. Während der Nto 7073 auf dem Weg von Gerolstein nach Mayen Ost ist, hat die Überführungsfahrt Dsts 81933 den entgegengesetzten Laufweg

Foto: Martin Zöllner

Die Hönnetalbahn Unna – Neuenrade nahmen 725 004 + 726 004 am 9. Oktober 1990 unter die Meßachsen. Die Meßfahrt Dsts 81954 (Menden – Neuenrade) verläßt gerade den Haltepunkt Küntrop

Foto: Martin Zöllner

Die S-Bahnlinie S 2 von Mengede über Dorstfeld zum Dortmunder Hauptbahnhof wurde 1990 neu gebaut. Zur Abnahmemessung des Teilstücks Mengede – Oestrich sind am 16. Januar 1991 725 004 + 726 004 eingesetzt. Am vorläufigen Streckenende (provisorisch mit Schwellenkreuz und Sh 2-Scheibe gesichert) zeigt sich der GMTZ mit seinem Triebfahrzeugführer Uwe Richter vom Bw Hagen 1

Foto: Martin Zöllner

Zur Mittagspause mit Tankstop war die Einheit 726 / 725 004 am 16. Januar 1991 neben 151 094 im Bereich des Bw Oberhausen 1 abgestellt

Foto: Martin Zöllner

Nachdem der zu dieser Zeit zur TWE gehörende Einzelgänger am 21. März 1991 einen Stahlzug nach Paderborn gebracht hat, ist V 320 (ex-DB 232 001) als Lokzug auf dem Weg zurück nach Gütersloh. Im Bahnhof Hövelhof wird dabei 725 / 726 004 überholt, der wegen einer Signalstörung in Gleis 3 auf die Ausfertigung eines schriftlichen Befehls wartet (Dsts 81954 Paderborn – Brackwede) Foto: Martin Zöllner

jedoch zur Schonung der mittlerweile betagten Antriebstechnik nicht genutzt wird, hier kommt stattdessen lieber eine steilstreckentaugliche Schublok zum Einsatz. Die Luftfederung und Spurkranzschmiereinrichtung Bauart De Limon aus den Spenderfahrzeugen wurde beibehalten.

Obwohl das FTZ München zur Zeit an der Verbesserung des sogenannten Testcar's beteiligt ist und die Mindener Fachleute auf Basis eines Reisezugwagens einen Gleismeßwagen für den Einsatz auf den Hochgeschwindigkeitsstrecken entwickeln, sind die verbliebenen vier Gleismeßtriebzüge vorerst nicht entbehrlich. Lediglich das mittlerweile hohe Alter und die damit einhergehende Störanfälligkeit lassen einen Ersatz der Züge durch Neu- oder Umbauten in den Blickwinkel rücken, aber noch ist mit der Einheit 001 genügend Spielraum für Ersatz und Reparaturen gegeben.

Herzlich bedanken möchten wir uns beim Team des GMTZ 004 und seinem Leiter Herrn Frasch, die die umfassende Vorstellung dieser interessanten Fahrzeuge, die von der Öffentlichkeit unbemerkt für die Fahrsicherheit agieren, erst ermöglichten.

Fahrzeugdaten der DB-Gleismeßtriebzüge

Fahrzeug	Hersteller / Fabriknr.	Baujahr	Abnahme	B 2 Aw Kassel	B 3 Aw Kassel	IS 703 Aw Kassel	Abgang	aktueller Standort
725 001-2 ex 798 804	MAN 146586	1961	07.05.74	02.04.81	21.04.89	17.03.97	31.12.99	FTZ Minden
725 002-0 ex 798 676	Uerdingen 66557	1959	23.12.74	12.02.81	00.02.89	04.04.97		Hanau
725 003-8 ex 798 779	WMD 1371	1960	06.06.75	15.12.81	00.01.90	20.04.98		Augsburg
725 004-6 ex 798 674	Uerdingen 66568	1959	24.10.75	25.02.82	27.04.91	19.09.98		Hagen
725 005-3 ex 798 799	MAN 146581	1961	01.03.74	08.04.82	00.04.90	28.01.97		Nürnberg
726 001-1	MBB 09026	1974	28.03.74	02.04.81	21.04.89	17.03.97	31.12.99	FTZ Minden
726 002-9	MBB 09027	1974	26.04.74	12.02.81	00.02.89	04.04.97		Hanau
726 003-7	MBB 09028	1974	26.04.74	15.12.81	00.01.90	20.04.98		Augsburg
726 004-5	MBB 09029	1974	22.05.74	25.02.82	27.04.91	19.09.98		Hagen
726 005-2	MBB 09030	1974	22.05.74	08.04.82	00.04.90	28.01.97		Nürnberg

Wir schreiben den 15. Mai 1997. 726 / 725 004 sind als Dsts (Meß) 76762 bei Steinhelle auf dem Weg durch Ruhr- und Negertal nach Winterberg

Foto: Martin Zöllner

Wegen einer Zugkreuzung mußte Dsts (Meß) 76762 (Schwerte – Neuenrade) im Bahnhof Balve an der Hönnetalbahn in das damals noch vorhandene Nebengleis umsetzen, 16. Mai 1997

Foto: Martin Zöllner

Auf der Rückfahrt von Neuenrade nach Fröndenberg wurde der GMTZ 004 am 16. Mai 1997 hinter 628 704 mitgeführt, hier zu sehen als RB 6474 (Neuenrade – Unna) am Haus Recke in Binolen

Foto: Martin Zöllner

Im Forschungs- und Technologiezentrum Minden sind die Gleismesstriebzüge 004, 005 und 001 aufgereiht

Foto: Detlef Frasch

Im Gleisbereich der ehemaligen Deutschen Reichsbahn kommt zur Untersuchung des Oberbauzustandes die sogenannte „Oberbaumeßwageneinheit" zum Einsatz, hier zu sehen im Bahnhof Halle/Saale hinter 232 595

Foto: Detlef Frasch

Die Forschungsanstalt München entwickelt zur Zeit mit dem Testcar genannten Fahrzeug 707 001 ein Alternativgerät zur Erfassung des Oberbau- und Gleiszustandes, hier aufgenommen im Bahnhof Halle/Saale

Foto: Detlef Frasch

Die süddeutschen 2B-Lokomotiven

von Lothar Spielhoff

Die 2'B-Lokomotive, also eine Lokomotive mit zwei gekuppelten Achsen und einem vorauslaufenden Drehgestell, ist bei den deutschen Länderbahnen fast so alt wie die Eisenbahn überhaupt. Als erste bevorzugte die Württembergische Staatsbahn wegen der geographischen Lage besonders die nach dem amerikanischen System gebauten Eisenbahnen, so von Anfang an 2'B vor den überall verwendeten 1A1 oder 1B. Aber auch andere Bahnen, wie die Kurfürst Friedrich-Wilhelm-Bahn (später Hessische Nordbahn), die Bergisch-Märkische-Eisenbahn und die Badische Staatsbahn (noch in der Breitspurzeit), erkannten sehr bald die Vorzüge dieser Bauart und besaßen einige 2'B. Die Württembergischen Staatseisenbahnen führten eine Reihe von Jahren ihren gesamten Betriebsdienst mit 2'B-Loks ab, von denen sie verschiedene Bauarten der Schnellzugloks der Klasse VI, später A^{alt}, bis zur reinen Güterzuglok der Klasse E^{alt}, hatten.

Als der neue Obermaschinenmeister Brockmann im Jahr 1865 von Norddeutschland kam, wurde die Entwicklung der 2B-Lokomotiven nach kurzer Zeit gestoppt und die steifachsige 1B eingeführt bzw. die vorhandenen 2B-Lokomotiven wurden umgebaut. Erst im Jahre 1899 kamen neue 2'B-Loks der Klasse AD unter Obermaschinenmeister Kittel wieder nach Württemberg. Im benachbarten Baden, wo auf den unterdessen normalspurig umgebauten Bahnen die 2A-Crampton-Lokomotiven seit 1861 von der 2'B-Lok der Gattung III abgelöst worden waren, wurde die Entwicklung nicht unterbrochen und in einer mehr als vierzigjährigen Beschaffungszeit ging die alte Außenrahmen-Lok mit weit zurückliegendem, kurzachsenständigem Drehgestell der Gattung III allmählich über die IIa, IIb in die moderne Innenrah-

Modell einer 2'B n2-Lokomotive der Württembergischen Staatsbahn von 1847, der Klasse III, „Esslingen", gebaut von der Maschinenfabrik Esslingen

men-Bauart der Gattung IIc mit dem führenden Drehgestell über. Bayern beschaffte am Anfang keine 2B-Bauarten. Nach dort kamen die ersten im Jahre 1892, als bei den anderen Ländern genügend Erfahrungswerte vorlagen.

Das damalige Kommissionsmitglied der Württembergischen Staatsbahn, Ludwig Klein, der für die Beschaffung des Rollmaterials zuständig war, studierte eingehend die in Baden und Bayern vorhandenen englischen 1A1-Lokomotiven, sowie verschiedene Angebote von Lokomotivbauern. Er war auch in Amerika und sah sich die dortigen Lokomotiven an. Nach seiner Rückkehr erstellte er ein Gutachten zur Beschaffung der erforderlichen Lokomotiven. Klein erkannte dabei die Vorteile der Bauart der amerikanischen Lokomotiven mit dem führenden Drehgestell gegenüber der starren englischen Bauart und war in dieser Zeit weit vorausschauend. So wurden bei William Norris in Philadelphia drei 2B-Lokomotiven bestellt, die die Klassenbezeichnung I erhielten. Diese kamen 1845 zur Eröffnung der Eisenbahn nach Württemberg.

Die Norris-Lokomotive hatte ein zweiachsiges, drehbares Vordergestell, das sich auf den krümmungsreichen Strecken bewährte. Die drei 2'B der Klasse I wurden bis 1876 mehrmals umgebaut. Zu den drei 2B-Lokomotiven wurden in gleicher Zeit noch drei 1B-Loks von Baldwin mitbeschafft, die mit dem vorderen Treibräderpaar und der kleineren Führungsachse durch bewegliche Arme zu einem Drehgestell, dem Baldwin-Truck, vereinigt waren. Da diese sich nicht bewährten, wurden sie 1856 verkauft. Das Aussehen der Norris war typisch „amerikanisch" mit Haystack-Feuerkasten, voluminösem, konischem und von Klein 1841 erfundenem Schornstein mit Funkenfänger. Die Zylinder mit 318 mm Durchmesser und einem Hub von 665 mm waren schräg liegend außen an der Rauchkammer angeschraubt.

Die ersten heimischen Lokomotiven für die Württembergische Staatsbahn kamen von Kessler Karlsruhe bzw. Esslingen und von Maffei aus München. Diese, der Norris-Bauart entsprechend, wurden als Klasse III mit 41 Stück von 1846 bis 1853 gebaut. Davon wurden die ersten sechs in Karlsruhe, drei bei Maffei und die restlichen 32 in Esslingen hergestellt, wo der Lokomotivbau 1847 begann. Die von Kessler gelieferten Lokomotiven hatten gegenüber den von Norris gelieferten eine Reihe von Abweichungen und Verbesserungen erfahren. Der Stehkessel mit Kuppel war bedeutend höher als der von Norris und hatte statt des runden einen rechteckigen Querschnitt erhalten. Die Rostfläche betrug 0,81 m^2, die Heizfläche 59,1 m^2 mit einem Kesseldruck von 6,3 bar. Alle Lokomotiven erhielten von Anfang an den sogenannten Haystack-Stehkessel und bei ihren späteren Umbauten alle Ersatzkessel der Bauart Crampton. Die Zylinder wurden nun endlich horizontal am Rahmen – Blechrahmen statt Barrenrahmen – befestigt. In den Abmessungen der Zylinder und des Gesamtachsdrucks gab es Abweichungen zwischen Kessler und Maffei: Zylinderdurchmesser 354 mm und 561 mm bei Kessler, von Maffei 356 x 559 mm, Gesamtradabstand bei Kessler 4450 mm, bei Maffei 4420 mm, Treibraddurchmesser bei Kessler 1372 mm, bei Maffei 1380 mm. Das Reibungsgewicht betrug 11 t. Von den 41 Lokomotiven der Klasse III wurden fast alle umgebaut, mit Ausnahme der Bahnnummern 4, 18 und 50 sowie der beiden an die Kirchheimer Bahn verkauften. Die Klasse III hatte sich in Württemberg für die damalige Zeit sehr gut bewährt.

Auch Baden beschaffte im Jahre 1846 von Norris die ersten 2B-Lokomotiven. Dort waren als Breitspur die Bauart 1A1 vorherrschend sowie fünf 1B- und acht C-gekuppelte Lokomotiven. Man versprach sich, dass die 2B-Loks als Gattung VII mit vorderem Drehgestell den bei den 1B immer auftretenden Mangel beseitigen würden, dass der Radreifen der Laufachse sehr schnell scharf gelaufen war, ohne dass an den beiden gekuppelten Achsen solche Erscheinungen auftraten. Norris lieferte vier Lokomotiven ohne Tender, die von Kessler in Karlsruhe als dreiachsige geliefert wurden. In ihrem Aussehen entsprachen sie voll den an Württemberg gelieferten. Außen schrägliegende und an der Rauchkammer befestigte Zylinder, runder Stehkessel mit Rundkuppel, Hufeisenbüchse, sogenannte Burg-Kessel.

Mit der Verarbeitung der Lok war man in Baden nicht zufrieden und so wurden sie mehrfach kostspielig aufgearbeitet. Sie waren nie das, was man von den „Amerikanern" erwartet hatte.

Der Zylinderdurchmesser betrug 368 m bei einem Hub von 508 mm, Treibraddurchmesser 1410 mm, Rostfläche 0,87 m^2, Gesamtheizfläche 74,30 m^2, Kesseldruck 5,3 bar. Nach dem Umbau auf Regelspur im Jahre 1854/55 blieb man bei den 2B-Lokomotiven, im Gegensatz zu den anderen Gattungen. Beim Umbau erhielten sie statt des vorhandenen Barrenrahmens eine Kombination aus Barrenrahmen und Blechrahmen, der Kessel blieb in seiner Konstruktion erhalten, nur der Gesamtachsstand wurde durch Verschieben

2'B n2-Schnellzuglokomotive der Württembergischen Staatsbahn von 1855, Klasse VI, „Heidelberg", Nr. 61, gebaut von der Maschinenfabrik Esslingen

der Achsen gegenüber dem Kessel verändert. Die Zylinder blieben in ihrer alten Lage erhalten. Später wurden die Loks in 1B-Tenderlokomotiven mit Satteltank umgebaut. Erhalten blieben diese bis nach 1883.

Kehren wir nach Württemberg zurück, denn dort entstanden bis 1865 weitere fünf 2B-Bauarten in verschiedenen Klassenbezeichnungen. Bereits im Jahre 1854 kam eine weitere zweite Bauart mit der Klassenbezeichnung V. Gegenüber der Klasse III hatte diese einen größeren Zylinderdurchmesser von 381 mm, die Heizfläche wurde auf 68 m^2 vergrößert, geblieben ist der Vierseitstehkessel mit dem großen, konischen Schornstein. Von dieser Klasse gab es nur fünf Loks.

Mit dem allmählichen Aufkommen des Schnellzugverkehrs versuchte die KWStB den Treibraddurchmesser von 1842 mm an einer 2B zu erreichen. Da man an der Urform festhielt und die Heizflächenvergrößerung und eine Steigerung des Achsdruckes vernachlässigte, blieb die Entwicklung stehen. Im Jahre 1854 schuf man eine neue Bauart, die Klasse VI, ab 1858 A^{alt}, mit einem Treibraddurchmesser von 1842 mm und einem Kessel von 68 m^2 Heizfläche. Wie sich sehr bald herausstellte, war die Lok mit dem schwachen Kessel und den hohen Treibrädern für die Steckenverhältnisse in Württemberg nicht geeignet, denn das Triebwerk, die Treibräder und der Kessel standen in keinem Verhältnis zueinander. Von der Klasse VI wurden von 1854 bis 1860 zwölf Loks gebaut, die von Anfang an nun den Crampton-Kessel erhielten. Die kuppelförmige Überhöhung der Feuerbüchse wurde nun verlassen. Gegenüber der Klasse III betrug das Reibungsgewicht 14,36 t, 2,36 t mehr als bei der Klasse III. Weitere Besonderheiten hatte die Klasse VI nicht. In die Umbauten wurde diese Klasse voll einbezogen und erhielt dabei die Umbaubezeichnung B2 beim ersten und Ab beim zweiten Umbau, was geringfügig zur Leistungsverbesserung beitrug. Sie waren auch als Opfer von Brockmann anzusehen, der ja bekanntlich die 2B-Bauart aus dem württembergischen Lokomotivpark verbannt hatte.

Als weitere Esslinger Drehgestellbauart, mit einem kleineren Kuppelraddurchmesser von 1386 mm kam bereits zwei Jahre später nach der Klasse VI im Jahre 1856 die Klasse VII, ab 1858 Klasse D. Sie hatte von Anfang an einen Crampton-Kessel mit glatter Stehkesseldecke. Die ersten zehn hatten den Dampfdom auf der Kesselmitte, während die restlichen 41 Stück zwei Dampfdome erhielten. Der erste

2'B n2-Lokomotive der Württembergischen Staatsbahn von 1864, Klasse VII, später D, Nr. 9, „Esslingen", richtiger Name „Cannstatt", gebaut von der Maschinenfabrik Esslingen

befand sich auf dem ersten Kesselschuss, der zweite auf dem Stehkessel unmittelbar vor dem Führerhausschirm. Geliefert wurden von Esslingen 45 Loks in vier Bauserien in den Jahren 1856/57, 1860, 1861/62 und 1864 bis 1865. Die restlichen sechs kamen von 1856 bis 1861 von der Zentral-Reparatur-Werkstätte Esslingen. In ihren Abmessungen waren sie noch ähnlich der Klasse III, Rostfläche 0,89 m^2, Heizfläche 67,79 m^2 bei einem Kesseldruck von 7 bar, der außenliegende Zylinderdurchmesser 381 mm und 561 mm Hub. Die Zylinder befanden sich vor dem Drehgestell. Treibraddurchmesser 1386 mm. Das Reibungsgewicht betrug mit jetzt 14,25 t 3,25 t mehr als bei der Klasse III. Mit ihren Abmessungen für die topographische Lage Württembergs mit dem hügeligen und bergigen Gelände und deren Steigungen dürfte sie als Personenzuglok mit ihrem Treibraddurchmesser dem damaligen Betriebsanforderungen entsprochen haben, sonst wäre sie nicht 51mal gebaut worden.

Sämtliche Loks wurden im Laufe der Umbauzeit einmal, zehn Stück sogar zweimal als B2 und B3 in 1B n2 umgebaut. Einige wurden sogar Tenderlokbauarten als T4a, T4n und T2, wobei einige neue Kessel mit Fahrwerken erhielten.

Nach dem Misserfolg der sogenannten C-„Alb"-Lokomotiven und der unzureichenden Zugkraft von Personenzugloks war die KWStB gezwungen, eine entsprechende Güterzuglokomotive zu beschaffen. Es war – wie nicht anders zu erwarten – wiederum eine 2B-Bauart mit der neuen Klassenbezeichnung E, die sich in keiner Weise von den übrigen Drehgestellbauarten unterschied. Sie war für die damalige Zeit eine moderne Lok, allerdings mit kleinen Triebrädern, was folgerichtig war. Erstmals wurden die Zylinder zwischen dem sehr kurzen Drehgestell und der ersten Kuppelachse angeordnet und als Treibachse wurde die hintere Achse ausgebildet. Neu war bei der 2B-Bauart erstmals die außenliegende Allan-Steuerung sowie die Abfederung mit Blattfedern über den Achsen. Äußerlich sahen die Loks kräftig und gedrungen aus. Der voluminöse Dampfdom auf dem Stehkessel brachte eine gute Dampfentwicklung. Neuartig waren der in Kesselmitte befindliche Crampton-Regler und die äußeren Einströmrohre über den Zylindern. Das Reibungsgewicht betrug 19,5 t, immerhin 5 t mehr als bei der Klasse VII/D. Von der E-Klasse wurden von 1859 bis 1863 25 Loks in drei Baulosen beschafft. Die Hauptabmessungen wurden nunmehr der erforderlichen Leistung angepasst, die Rostfläche betrug 1,03 m^2, die Heizfläche 85,12 m^2 bei einem Dampfdruck von 8,0 bar, Zylinderdurchmesser 410 mm, Hub 610 mm, Treibraddurchmesser 1218 mm.

Weitere Bestellungen für diese Güterzuglok folgten nicht mehr, man kehrte trotz Bedenken zu den steifen Dreikupplern zurück, da die Geislinger Steige eine leistungsfähige Güterzuglok erforderte.

Die Beschaffung der 2'B-Bauart für den Güterzugdienst muss daher als Rückschritt gewertet werden. Allerdings war dies die notwendige Entwicklungsstufe zu einer leistungsfähigen Güterzuglok der KWStB. Die Klasse E erfuhr bis zum Jahr 1921 durch Brockmann Umbauten in Klasse B2, E, T und T4a.

Mit der letzten „Amerikaner"-Bauart folgte als Klasse B im Jahre 1865 eine Weiterentwicklung der Klasse VI/A^{alt}. Sie war eine großrädrige Schnellzuglok mit 1830 mm Treibraddurchmesser und die letzte Lok mit einem voranlaufenden Drehgestell, denn ab 1868 kam unter Brockmann die steifachsige 1B-Lok-Bauart. Nach unseren heutigen Erfahrungen und Kenntnissen war diese Entwicklung für den Bau von leistungsfähigen Schnellzuglokomotiven ein großer Rückschritt, damals allerdings der Weg zu einer einfachen Bauart.

Was der Klasse B fehlte, war das langgespreizte Drehgestell, das in Amerika bereits verwendet wurde. Dieser Fehler dürfte auf den Widerstand des maschinentechnischen Büros der KWStB zurückzuführen sein. Kessler führte bereits 1861 das langgespreizte amerikanische Drehgestell der späteren Bauart von Tenderlokomotiven bei zwei Schweizer Bahnen ein. Demnach waren bereits 1861 alle Voraussetzungen für eine brauchbare Schnellzuglokomotive durch Kessler geschaffen, die in Württemberg bedauerlicherweise über den Rückschritt erst 1899 mit der Einführung der Klasse AD durch Klose beendet wurde.

Mit den großen Treibrädern und der hohen Kessellage war die Klasse B äußerlich eine moderne Schnellzuglok, stellte sich aber trotzdem als Misserfolg heraus, da die Werte der Dampferzeugung und die Zylinderabmessungen in keinem Verhältnis zueinander standen. Die württembergischen Amerikaner-Lokomotivbauarten beendeten ihre Geschichte also mit einem Missklang, was bedauerlich ist, denn Kessler war – was seine Bauarten betraf – ein fortschrittlicher Mann.

Von der Klasse B wurden insgesamt sechs Loks gebaut, je zwei in den Jahren 1865, 1866 und 1867. Sie hatten eine Rostfläche von 1,15 m^2, eine Gesamtheizfläche 100,08 m^2 bei einem Dampfdruck von 9 bar, einen Zylinderdurchmesser von 435 mm, einen Hub von 612 mm, einen Treibraddurchmesser von 1830 mm. Von diesen sechs Loks wurden drei als 1B umgebaut, davon eine so, dass sie nach dem Umbau nicht mehr verwendet werden konnte, die restlichen drei wurden auf untergeordneten Strecken verwendet.

2'B n2-Güterzuglokomotive von 1863, Nr. 128, „Einkorn", Klasse E der Württembergischen Staatsbahn, gebaut von der Maschinenfabrik Esslingen

Kommen wir nun zur Weiterentwicklung der Badischen Staatsbahn. Als Ende der Fünfziger Jahre für die Züge des Personenzugdienstes keine passenden Lokomotiven vorhanden waren, musste dafür eine geeignete Bauart beschafft werden. So wurde von 1861 bis 1875 eine bemerkenswerte, Epoche machende Type in 90 Exemplaren geliefert. Sehr bald wurde sie aber ab den Sechziger Jahren auch für den Schnellzugdienst im ganzen Streckennetz von Baden eingesetzt. Pate für diese Konstruktion dürften die Crampton-Bauarten gestanden haben. Man stellte fest, dass eine Antriebsachse für die schwerer werdenden Züge nicht mehr ausreichte. Auf den Steigungsstrecken von Karlsruhe nach Pforzheim mit dem Verhältnis von 1:79 oder auf der Odenwaldbahn und später auf der Schwarzwaldbahn benötigte man Lokomotiven mit einem höheren Reibungsgewicht.

Man schaute auch auf den südlichen Nachbarn, die Schweiz, und beobachtete deren neue Lokomotiven, da ja die Strecke Lörrach – Waldshut – Schaffhausen parallel zur Nordostbahn verlief. Die Nordostbahn beschaffte in den Jahren 1855 bis 1857 20 Lokomotiven in zwei Typen, Serie B2/4/A2/4 mit 1830 und 1970 mm Treibraddurchmesser. Äußerlich entsprachen die ersten Lokomotiven der Gattung III ganz denen der NOB, auch durfte Professor Redtenbacher seinen Einfluss geltend gemacht haben.

Die Lokomotiven sahen etwas eigenartig aus, wozu neben dem „everything outside style" auch die hohen Kesselaufbauten, besonders das kurzachsständige und weit zurückgesetzte Dachgestell beigetragen haben dürften. Bedingt war dies in Baden durch den „Drehscheibendurchmesser", also den Gesamtachsstand von Lokomotive und Tender, der sich der nutzbaren Größe der Drehscheibe anpassen musste.

Wie erwähnt, wurden von 1861 bis 1875 90 Loks in zehn Reihen beschafft, davon 41 mit einem Crampton-Kessel, die restlichen mit einem Belpaire-Stehkessel. Im Zeitraum, in dem die Lokomotiven gebaut wurden, wurden sie jeweils dem technischen Fortschritt angepasst. Ab der Reihe 6 im Jahre 1869 erhielten die Lokomotiven die Riggenbach'sche Gegendruckbremse, im badischen Sprachgebrauch Repressionsbremse, eingebaut. Bei den Aufbauten und Einrichtungen erlebte diese Gattung mit den Umbauten die größte Wandlung in Baden. Von 1861 bis 1865 erhielten sie die Gattungsbezeichnung III bzw. die alte Bezeichnung 121-125, von 1864 bis 1875 als

2'B n2-Schnellzuglokomotive von 1863, Nr. 127 „Eberbach", Gattung XII, ab 1868 III der Badischen Staatsbahn, gebaut von der MBG Karlsruhe

2'B n2-Schnellzuglokomotive der Badischen Staatsbahn von 1869, Nr. 235, später 1035, Gattung IIIa, später IIIb, späteres Aussehen, gebaut von der MBG Karlsruhe

IIIa. Bei den Umbauten wurden 25 Loks der Gattung III in IIIb, zwei Loks III in IIIa, 16 Loks IIIa in IIIb umgebaut, während 20 Loks nicht umgebaut wurden.

Die Triebwerksabmessungen wurden bei allen gebauten Loks beibehalten. Zylinderdurchmesser 405 mm, Hub 560 mm, Treibraddurchmesser 1830 mm. Bei den Rostflächen 0,97/1,05/1,31 m², Heizflächen 89,87/99,01 m² und Dampfdrücken von 7,0/9,0 bar gab es verschiedene Kesselausführungen. Die Reihen 8 und 10 mit 17 Stück wurden von Grafenstaden, alle anderen von der MBG Karlsruhe gebaut. Mit der Zunahme der Zuggewichte und den erhöhten Fahrgeschwindigkeiten reichten die Gattungen III/IIIb nicht mehr aus.

Im Jahre 1888 ließ der damalige Lokomotiv-Maschinenchef Bissinger durch die Maschinenbau-Gesellschaft Karlsruhe eine Schnellzuglok bauen, denn die Gattungen III und IIIb wurden immerhin 27 Jahre alt. Die neue Gattung IIa sollte für Baden eine Lokomotive sein, die für den Schnellzugdienst eine leistungsmäßige Verbesserung bringen sollte. Bei näherem Studium stellt sich heraus, dass die IIa, immer noch im „Alles-Außen-Stil" gebaut und konstruktiv recht bescheiden, in den Abmessungen allerdings eine Weiterentwicklung der Gattung III war. Der vordere Überhang der Rauchkammer ist geblieben, der Drehgestellachsabstand wurde auf 1440 mm erhöht. Nach einer alten Faustregel sollte dieser nicht größer sein als die Spurweite. Der Angelpunkt bei den Schnellzugloks war allerdings das Drehgestell. Wie sehr Führungsdrehgestelle dazu beitragen können, die Führung und Laufsicherheit zu erhöhen, hatte man erst sehr viel später erkannt, obwohl in Baden das Drehgestell seit früher Zeit durch die Gattung VII der Breitspurlok von Norris im Ansehen stand.

Äußerlich hatte die IIa-Lok zwei Vorbilder, die aus Frankreich und der Schweiz kamen. Dies zeigte sich im Aufbau des Reglers mit waagrechter Schubstange über dem Kessel, an den außenliegenden Dampfeinströmrohren, der Schornsteinhaube und dem Kreuzkopf sowie am Belpaire'schen Kessel, wobei der Dampfdom auf den Langkessel geschoben wurde. Mit den Außenrohren und dem vorderen Überhang hatte die IIa als Schnellzuglok im Aussehen verloren.

In den Abmessungen wurde die IIa gegenüber der III größer ausgeführt. So wurde die Rostfläche um 0,46 m², die Heizfläche um 24 bzw. 32,21 m² und der Dampfdruck auf 10 bar erweitert. Bei den Zylinderabmessungen stieg der Durchmesser von 405 auf

2'B n2-Schnellzuglokomotive der Badischen Staatsbahn von 1889 der Gattung IIa, gebaut von der MBG Karlsruhe.

435 mm und der Hub von 560 auf 610 mm. Das Reibungsgewicht betrug 29,2 t gegenüber 19,4 t bei der Gattung IIIb. Von den IIa wurden in den Jahren 1888 bis 1890 24 Stück in drei Reihen gebaut.

Im Jahre 1891 kam die neue Gattung IIb, eine Art Nachbau der Gattung IIa, ohne erkennbare Verbesserungen. Der Drehgestellachsabstand wurde auf 2000 mm, die Zylinderabmessungen auf 457 mm erhöht, bei gleichem Hub wie bei der IIa. Zu einem konnte man sich nicht durchringen: zur Seitenverschieblichkeit des Drehgestelles. Es musste darum in seiner seitlichen Verschiebbarkeit noch einige Zeit warten. Von der IIb wurden nur zehn Loks im Jahre 1891 von der MBGK gebaut.

Die Badische Staatsbahn war die einzige, bei der die 2B-Achsanordnung eine zeitlich zusammenhängende Entwicklung durchlaufen hat. Von der Gattung VII (Breitspur) über die XII, später III (IIIa und IIIb) zur IIa, IIb und zur letzten Bauart, der IIc.

Durch den starken Verkehrsaufschwung der Neunziger Jahre von England, den Benelux-Staaten und Skandinavien bis hin zur Schweiz und Italien, musste die Badische Staatsbahn unter Zugzwang zu ihrer linksrheinischen Konkurrenz mit allen Überlieferungen brechen und beschritt unter der neuen Führung des Oberbaurates Esser in der Entwicklung neuer Lokomotiven eigene Wege, die sich von denen in Preußen in mancher Hinsicht und Ausführung unterschieden. Auf die Dauer konnte man mit den vorhandenen Schnellzuglokomotiven im Wettbewerb nicht bestehen. Es war die in Aussicht genommene Geschwindigkeitserhöhung der Schnellzüge auf der Hauptbahn bis zur zulässigen Grenze, welche nicht nur zu einer wesentlichen Verstärkung des Oberbaues der Strecke Mannheim – Basel Anlass gab, ob man mit den bisherigen Betriebsmitteln solch hohe Geschwindigkeiten unternehmen sollte.

Für die Beschaffung dieser Lokomotive wurde im Oktober 1891 ein Wettbewerb ausgeschrieben, bei dem nur allgemeine Gesichtspunkte bezüglich der zu stellenden Anforderungen gegeben wurden, ohne dass eine bestimmte Bauart vorgesehen war. Da letztlich alles völlig freigegeben war, waren insbesondere auch gekröpfte Achsen und innenliegende Zylinder nicht ausgeschlossen. Vor allem wurde gefordert, dass die zu liefernde Lokomotive bei einer Höchstgeschwindigkeit von 90 km/h in jeder Beziehung gute Eigenschaften zeigen musste.

Von den eingereichten Entwürfen wurde der Vorschlag der Elsässischen Maschinenbaugesellschaft Mühlhausen als bester angenommen. Es wurden sofort zwei Schnellzuglokomotiven bestellt, die mit 2100 mm hohen Treibrädern und Innenzylindern im Dezember 1896 abgeliefert wurden. Nach eingehen-

2'B n2-Schnellzuglokomotive von 1891 der Gattung IIb der Badischen Staatsbahn, gebaut von der MBG Karlsruhe

der Prüfung über mehrere Monate und mit gutem Erfolg wurden weitere 16 Loks bei der Maschinenbau-Gesellschaft Karlsruhe bestellt, abgeliefert von Juni 1893 bis Januar 1894.

Von dieser Gattung wurden bis 1900 35 Loks in fünf Reihen beschafft. Das Aussehen der IIc entsprach nicht dem süddeutschen Erscheinungsbild; es war eine neue Stilistik gekommen und man fragte sich, woher diese kam. Die Außenflächen waren glatt, und vor allem der Innenantrieb. Sie entsprachen den englischen „Atlantic-Bauarten".

Esser war in jungen Jahren als Maschineningenieur in Manchester, wo er die 2B-Innenzylinder-Schnellzuglok kennen lernte. So auch de Glehn, ein gebürtiger Engländer als Direktor bei der EMG in Mühlhausen, mit dessen Karriere der Siegeszug der Verbund-Lokomotive in Europa zusammenfiel. An diesem Erfolg verbuchte die IIc ihren Anteil, die als schnelle Lok bekannt wurde. Die Höchstgeschwindigkeit konnte erstmalig auf 110 km/h festgesetzt werden. Mit der IIc erreichte Baden gegenüber den linksrheinischen Bahnen einen großen Vorsprung.

2'B n2-Schnellzuglokomotive von 1892 der Gattung IIc der Badischen Staatsbahn, gebaut von Grafenstaden

2'B n2-Schnellzuglokomotive von 1892 der Gattung BXI, Nr. 1201, der Bayerischen Staatsbahn, gebaut von Maffei, München

Ein Novum in der äußeren Ausführung stellte die Reihe 5 dar, deren zwölf Loks 1900 von Hartmann in Chemnitz geliefert wurden. Sie hatten an der Rauchkammer und am Führerhaus eine sogenannte „Windschneide" erhalten. Selbst das Sicherheitsventil wurde in die Windschneide mit einbezogen.

Gegenüber der IIa/IIb gab es in den Hauptabmessungen beim Triebwerk geringe Änderungen, Zylinderdurchmesser 460 mm bei einem Hub von 600 mm, innenliegend, Treibraddurchmesser 2100 mm. Dagegen wurden die Kesselabmessungen vergrößert, Rostfläche auf 2,05 m^2 bei einer Heizfläche von 102,62 m^2 und dem Dampfdruck von 12/13,0 bar.

Es darf gesagt werden, dass um die Jahrhundertwende die IIc mit und ohne Windschneide eine sehr schöne und elegante Lok war. Sie dürfte bis zum Erscheinen der bayerischen S3/6 vielleicht der Stolz von Baden gewesen sein. In ihrer Leistung fuhr sie anstandslos schwere Züge mit durchschnittlich 30 Achsen und der größten zulässigen Geschwindigkeit, unbedenklich selbst bis 120 km/h. Damit wurde die 2'B-Entwicklung in Baden beendet. Der nächste Schritt in Baden war die 2B1-Bauart.

In Bayern verlief die Entwicklung zur 2B-Lok ganz anders. Nachdem die 1B zu keiner größeren Leistung mehr fähig war, kam man über diese zur 2B. Maffei lieferte 1892/93 39 Loks als 2B-Zwillingsbauart, obwohl für die Verbundbauart schon genügend Erfahrungen vorlagen. Bereits ab 1895 begann der Bau der Verbundbauart, von der bis 1900 100 Stück

2'B n2v-Schnellzuglokomotive von 1895 der Gattung BXIV, mit DRG-Nr. 36 767, gebaut von Maffei, München.
Foto: Maey, Slg. Spielhoff

mit der Anfahrvorrichtung System Mallet gebaut wurden. Das Führungsdrehgestell hatte bereits einen Achsabstand von 2200 mm. Die Gattung BXI galt als sehr leistungsfähig und zuverlässig. In der Verbundausführung wurde sie in der Zugkraft noch übertroffen. In den Zylinderabmessungen hatten die Zwilling 430 mm und die Verbund 455/670 mm, bei gleichem Hub von 610 mm und einem Treibraddurchmesser von 1870 mm.

Bei den Kesselausführungen waren die Verhältnisse ähnlich: Rostfläche 2,24 m^2 und 2,26 m^2 bei Verbund und 116,2 bzw. 116,8 m^2 Heizfläche Verbund, sowie 12 bzw. 13 bar bei Verbund. In Bayern erhielt die BXI aufgrund ihrer großen Stückzahl ein umfangreiches Betätigungsfeld. So wurden Laufleistungen bis zu 350 km und durchgehende Schnellzugleistungen von bis zu 200 km ohne Zwischenhalt erreicht.

Eine Besonderheit war die P2/4 (BXII), die umgebaute AAI, die 1896 von Krauss gefertigte Lok mit der Achsformel 2'aA1 n2v(n2). Bei dieser handelte es sich um eine Lok mit vorderem Drehgestell, einer Treibachse und einer dazwischen liegenden Vorspannachse, sowie hinterer Laufachse. Der Gedanke von Helmholtz war damals, mit der abschaltbaren Vorspannachse beim Anfahren eine größere Zugkraft zu erreichen. Bei ihrer Konstruktion dachte man daran, gleich beim Umbau ohne große Änderung eine 2'B n2v der BXI zu erhalten. Umgebaut wurde sie 1907 mit einem Zylinderdurchmesser von 490 mm bei einem Hub von 610 mm. Zeitgemäß erhielt sie Überhitzer. Als umgebaute P2/4 bekam sie den Spitznamen „Hirsch", weil sie eine sehr gute und schnelle Lok war. Sie blieb eine Einzelgängerin. Wegen ihrer Zuverlässigkeit war sie sehr viel vor dem Orient-Express zu sehen, der damals über Limbach fuhr.

Bayern ließ 1909 eine Nassdampf-Tenderlokomotive als Gattung Pt2/4 N in zwei Exemplaren bauen, für die damalige Zeit nicht verständlich, da überall der Heißdampf Einzug hielt. Die Kesselausführung entsprach der Pt2/3, die bereits erfolgreich vorhanden war. In ihrer Leistung blieb sie erheblich hinter der DXII und der Pt2/4 H zurück.

2'B n2-Schnellzuglokomotive von 1900 der Gattung IIc, Nr. 652, der Badischen Staatsbahn, gebaut von Hartmann, Chemnitz

Im Jahre 1899 erschien bei der KWStB wiederum eine 2B-Drehgestell-Schnellzuglok als Klasse AD mit Zweizylinder-Verbundtriebwerk. Das Charakteristische an dieser Lok waren die beiden Dampfdome, je einer auf dem vorderen und hinteren Kesselschuss, die über ein direktes Verbindungsrohr miteinander verbunden waren. Von dieser Klasse wurden zwischen 1899 und 1907 nicht weniger als 98 Lokomotiven in zehn Bauserien alle in Esslingen gebaut. Im Aussehen war die AD eine schöne, formvollendete Lok des Esslinger Stils. Es war zweifellos das Verdienst von Kittel, dass er nach 24 Jahren zur 2B-Bauart zurückkehrte. Mit seinem Können und seinen Ideen gab er der KWStB neue Impulse. Aufgrund der

2'B n2v-Schnellzuglokomotive von 1900 der Klasse AD, Nr. 461, der Württembergischen Staatsbahn, gebaut von der Maschinenfabrik Esslingen

2'B h2-Schnellzuglokomotive von 1908 der Klasse ADh, Nr. 1552, mit DRG-Nr. 13 1711, der Württembergischen Staatsbahn, gebaut von der Maschinenfabrik Esslingen

2'B h2-Umbau-Schnellzuglokomotive von 1907 der Gattung $P^{2}/_{4}$, als DRG-Nr. 36 861. Sie war vorher von 1896 bis1907 die Gattung AAI als 2'aA1 n2v, gebaut von Krauss, München. Als Einzellok bei der Bayerischen Staatsbahn erhielt sie den Spitznamen „Hirsch"

Foto: Maey, Slg. Spielhoff

2'B n2t-Personenzug-Tenderlok von 1909 der Gattung $Pt^{2}/_{4}N$, Nr. 6501, der Bayerischen Staatsbahn, gebaut von Krauss, München

Hauptabmessungen der süddeutschen 2'B-Lokomotiven

Klasse Gattung	Erstes Baujahr	Achs-anordnung	Zylinder-durchmesser mm	Hub mm	Treibrad-durchmesser mm	Rost-fläche m^2	Heiz-fläche m^2	Dampf-druck bar	Dienst-gewicht t	Reibungs-gewicht t
					Württemberg					
I	1845	2'B n2	318	665	1530	0,87	60,0	6,3	16,0	10,0
III	1846	2'B n2	318	508	1524	0,75	51,0	6,3	22,0	11,0
V	1854	2'B n2	381	561	1372	0,89	68,06	6,3	25,0	12,5
VI (A alt)	1854	2'B n2	381	561	1842	0,89	67,82	7,0	27,8	14,36
VII (D alt)	1856	2'B n2	381	561	1386	0,89	67,79	7,0	26,7	15,0
E	1859	2'B n2	410	610	1218	1,03	85,12	8,0	29,0	20,2
B	1865	2'B n2	435	612	1830	1,15	100,08	9,0	33,0	19,0
AD	1899	2'B n2v	450/670	560	1800	2,0	123,66	14,0	49,88	27,3
ADh	1907	2'B h2v	490	560	1800	2,0	134,81	12,0	51,4	29,9
					Baden					
VII	1846	2'B n2	490	508	1410	0,87	74,3	5,3	19,6	14,7
XII/IIIa	1861	2'B n2	405	560	1830	0,97	89,87	7,0	28,65	16,0
IIIb	1869	2'B n2	405	560	1830	1,05	91,01	9,0	34,8	19,4
IIa	1888	2'B n2	435	610	1860	1,83	115,69	10,0	46,8	29,2
IIb	1891	2'B n2	457	610	1860	1,79	118,05	10,0	46,8	28,8
IIc	1892	2'B n2	460	600	2100	2,05	102,62	12,0	45,65	29,6
					Bayern					
B XI	1892	2'B n2	430	610	1870	2,24	116,2	12,0	50,4	28,5
B XI	1895	2'B n2v	455/670	610	1870	2,26	116,8	13,0	51,5	29,6
P 2/4	1907	2'B h2	490	610	1870	2,26	121,45	13,0	51,7	29,8
Pt 2/4 N	1909	2'B n2t	350	500	1250	1,22	73,85	12,0	39,0	26,2

guten Erfahrungen des Verbundverfahrens bei anderen Länderbahnen griff man dies bei der Klasse AD von vornherein als Zweizylinder-Lok auf.

Die KWStB hielt sich mit der Einführung des Heißdampfes noch sehr zurück, man wollte die Erfahrung über den Überhitzer und die Schieberfrage bei anderen Länderbahnen sammeln. Aufgrund guter Erfahrung ließ die KWStB 1907 zwei Loks dieser Klasse mit einem Heißdampf-Zwillingstriebwerk ausrüsten, wobei diese einen Leistungsgewinn von 20 Prozent erzielten. Daraufhin entschied die KWStB, dass alle zu bauenden Lokomotiven nur noch mit Heißdampf zu liefern sind. In den Jahren 1907 bis 1909 wurden insgesamt 17 Lokomotiven mit Heißdampf als Klasse ADh beschafft. Die technischen Charakteristika der ADh entsprachen voll der AD mit dem Verbindungsrohr zwischen den Dampfdomen.

Neu waren der Rauchrohrüberhitzer Bauart Schmidt, die Rauchkammertür mit der spitzen Kegelform, der gerade Umlauf und die Glanzblechverkleidung des Kessels. Der Dampfdruck wurde nach preußischem Vorbild von 14 auf 12 bar gesenkt, da bei Heißdampfloks kein so hoher Dampfdruck erforderlich war.

In den Triebwerksabmessungen waren die AD und ADh fast gleich: Treibraddurchmesser 1800 mm, Hub 560 mm, Zylinderdurchmesser AD 450/670 mm, ADh 490 mm, die Rostfläche betrug 2,0 m^2, die Heizfläche der AD 129,60 m^2 bei 14 bar Dampfdruck. Die ADh hatte 134,81 m^2 bei 30,32 m^2 Überhitzerheizfläche und 12 bar Dampfdruck.

Wenn wir am Schluss unserer Betrachtung ankommen, so können wir erstaunlicherweise feststellen, dass das Reibungsgewicht der badischen IIc 29,6 t, der bayerischen BXI 29,6 t und der württembergischen ADh 29,9 t betrug, also an der Grenze. Jede Bauart war für ihr Land die typische Vertreterin des damaligen Betriebsmaschinendienstes.

Fotografische Highlights

Eisenbahnfotograf öffnet sein Archiv

von Christoph Riedel

Zu meiner Person: Ich bin 52 Jahre alt, verheiratet und habe drei Kinder im Alter von 24, 20 und 15 Jahren. Nach dem Abitur 1970 und dem Grundwehrdienst habe ich von 1972 bis 1978 an der Westfälischen Wilhelms-Universität Münster studiert. Heute arbeite ich als stellvertretender Schulleiter an der Richard-Schirrmann-Realschule in Lüdenscheid. Mit der Eisenbahnfotografie habe ich schon 1963 begonnen. Naturgemäß konnten damals mit einer einfachen Box keine qualitativ hochwertigen Bilder entstehen. Ab 1965 konnte ich mit einer kleinen Schmalfilmkamera die langsam aussterbenden Dampfloks auch in bewegten Bildern festhalten. Während des Studiums ist das Hobby leider etwas zu kurz gekommen. In dieser Zeit sind nur wenige Aufnahmen entstanden. Nach dem Ende meiner Ausbildungszeit konnte ich dann hochwertige Kameras kaufen und ab 1983 Fotos in professioneller Qualität herstellen. Seit 1989 fotografiere ich auch im Mittelformat. Mein „Handwerkszeug" sind eine Pentax MZ-5, eine Mamiya 645 J und eine Mamiya 645 1000 S. An Objektiven bevorzuge ich im Mittelformat die legendären Zeiss-Objektive aus Jena sowie von Schneider in Kreuznach. Meine Bilder sind wegen der unvergleichlichen Brillanz ausschließlich Diapositive. Inzwischen verfüge ich über ein Archiv von fast 12 000 Bildern. (Internet: www.riedelfoto.de)

US 031: Seit dem Jahr 2000 lösen auf der Insel Usedom moderne Triebwagen des Typs GTW 2/6 (DB-Baureihe 646) die alten DR-Schienenbusse ab. Die Fahrzeuge besitzen ein völlig neues Antriebskonzept. Eine fensterlose Antriebseinheit in der Mitte wird flankiert von zwei Steuerwagen. Die dieselelektrischen Fahrzeuge leisten 550 kW und erreichen eine Höchstgeschwindigkeit von 120 km/h (Aufnahme: Heringsdorf, 23. Juli 2000)

OS 402: Ende der achtziger Jahre waren die „Nebenbahnretter der fünfziger Jahre“, die Schienenbusse der ehemaligen Reihe VT 98, noch auf vielen Strecken im Raum Siegen anzutreffen. Das abgebildete Fahrzeug ist mit Außenspiegeln für den Einmannbetrieb ausgerüstet (Aufnahme: Grünebach / Strecke Daaden-Betzdorf, 3. Januar 1989)

OS 127: Nebenbahnatmosphäre pur gab es am 30. Juli 1985 in Hartenrod an der inzwischen stillgelegten Strecke Herborn-Niederwalgern. Auch hier befördert der Schienenbus die wenigen Fahrgäste. Es handelt sich um die zweimotorige Ausführung, die bei der Bundesbahn bis 1968 als VT 98 eingereiht war. Die schwächere einmotorige Variante lief damals als VT 95

SH 352: Zu Beginn des neuen Jahrtausends ist der lange brachliegende Personenverkehr auf der grenzüberschreitenden Strecke von Niebüll nach Tondern in Dänemark wieder aufgenommen worden. Im Jahr 2002 werden dänische Triebwagen im Zweistundentakt eingesetzt. Die Fahrzeuge entsprechen technisch der deutschen Triebwagenbaureihe 628, weisen jedoch eine etwas andere Form auf. Ähnliche Fahrzeuge setzen auch die Nederlandsche Spoorwegen(NS) ein (Aufnahme: Niebüll, 15. August 2002)

SÜ 384: Durch blühende Obstbaumplantagen fährt im Frühjahr 2002 ein Triebwagen der SWEG auf seinem Weg von Riegel nach Sasbach am Kaiserstuhl. Rund um diesen erloschenen Vulkan betreibt die SWEG mit Dieseltriebwagen einen S-Bahn-ähnlichen Verkehr. Das abgebildete Fahrzeug entspricht der DB-Baureihe 650 (Regio-Shuttle der Firma Adtranz), leistet 2 x 257 kW und bringt es auf 120 km/h (Aufnahme: Königschaffhausen, 26. März 2002)

BM 127: Ein Jahr vor der Stilllegung der oberen Volmetalbahn rollt am 5. Januar 1985 ein kurzer Nahverkehrszug von Brügge über Meinerzhagen in Richtung Dieringhausen.
In diesem letzten Jahr wurden alle Züge von Hagener Maschinen der Reihe 212 gezogen. Diese Diesellok wurde in zwei Varianten ab 1958 beschafft, um insbesondere die Dampflokomotiven der Reihen 38.10 und 23 zu ersetzen. Im Jahr 2005, spätestens aber 2006, wird auf der Strecke zwischen Brügge und Dieringhausen der Personenverkehr wieder mit Fahrzeugen der Reihe 644 eröffnet (Aufnahme: Kierspe)

GB 187: Ein nagelneuer Elektrotriebwagen der Reihe 425 verläßt am Tag vor Heiligabend 2001 die schöne Bahnhofshalle von Krefeld Hbf. Die Triebzüge werden seit einiger Zeit im ganzen Ruhrgebiet und darüber hinaus sowohl im S-Bahn-Verkehr als auch im Regionalverkehr eingesetzt. Eine kurze Variante mit zwei Wagen läuft als Reihe 426 ebenfalls im Ruhrgebiet (Aufnahme: Krefeld Hbf, 23. Dezember 2001)

F 232: Die Triebwagenreihe 627.1 wurde 1981 von MAK in Kiel hergestellt. Es handelt sich um die verbesserte Ausführung des bereits 1974 von MAK und LHB entwickelten einteiligen 627.0. Die Fahrzeuge unterscheiden sich in der Länge und im Sitzplatzangebot. Diese Triebwagen sollten einst den Schienen ablösen, wegen der Stillegung zahlreicher Nebenstrecken ist es dazu aber nie gekommen (Aufnahme: Sulzbrunn, 21. Juli 1997)

A 972: Vor der Kulisse der Burg Altena im Lennetal rollt ein Elektrotriebwagen der der Reihe 425 auf seiner Fahrt von Siegen nach Hagen in den Bahnhof Altena ein. Die Triebwagen werden außer im S-Bahn-Verkehr auch auf der Ruhr-Sieg-Strecke Siegen–Hagen eingesetzt und ersetzen dort als Regionalexpresszüge die einstigen Interregio-Züge (Aufnahme: Altena, 15. Juni 2003)

B 149: In den fünfziger Jahren waren sie die Stars der jungen DB; heute fristen die einstigen Schnellzugloks der Reihe 110 ihr Dasein im Nahverkehr. Die 150 km/h (bis 1986) schnellen Lokomotiven können heute ihre Geschwindigkeit schon lange nicht mehr ausfahren (Aufnahme: Rosbach, 30. Dezember 1998)

E 96: Von den Betriebswerken Mönchengladbach und Wanne-Eickel aus kamen die Speichertriebwagen der Reihe 515 auf vielen Strecken im Ruhrgebiet, im Münsterland und am Niederrhein zum Einsatz. Die letzten Fahrzeuge wurden Mitte der neunziger Jahre in Wanne-Eickel außer Dienst gestellt (Aufnahme: Rheindahlen, 7. September 1991)

G 10: Die Schienenbusse der Reihe 772 sind das DR-Pendant zum bundesdeutschen Schienenbus. Ende 2002 waren noch 47 Fahrzeuge bei der DB eingestellt. Ähnlich wie bei der DB gab es bei der DR auch einen zweiten Schienenbus, die heutige DB-Reihe 771, die sich aber nur unwesentlich von der später gebauten Reihe 72 unterscheidet. Von der Reihe 71 gab es Ende 2002 allerdings nur noch ein Fahrzeug, das in Weißenfels beheimatet war (Aufnahme: Bahnhof Zirtow, 24. Juni 1994)

A 495: Zwei Hagener Dieselloks der Reihe 212 schieben am 19. Juni 1994 einen Sonderzug des BFS (Bürgerverein zur Förderung des Schienenverkehrs) über die denkmalgeschützte Brücke in Scherl (Strecke Krummenerl-Meinerzhagen). Die Lokomotiven leisten 1350 PS und sind mit ihren 100 km/h für heutige Verhältnisse etwas langsam. Im Jahr 2003 sind sie bei der DB fast vollständig verschwunden, erleben aber bei zahlreichen Privatbahnen ihren zweiten Frühling

D 201: Vor etwa zehn Jahren waren die Akkutriebwagen der Reihe 515 in Ursprungs-Lackierung bereits selten geworden. Vom Bw Wanne-Eickel aus verkehrte damals noch dieses Fahrzeug auf der Strecke von Borken im Münsterland nach Wanne-Eickel (Aufnahme: Rhade, 22. Mai 1992)

B 172: Nicht viel Freude hat die DB an ihren Neigetechnikfahrzeugen. Sowohl die zuerst gebaute Reihe 610 als auch das Folgemodell 611, das hier auf der Lahntalstrecke in Richtung Gießen rollt, machte durch technische Probleme von sich reden (Aufnahme: Leun, 27. Juli 1999)

D 387: LEW Hennigsdorf plante und baute für die DR ab 1980 eine Elektrolokomotive in zwei Bauvarianten, als heutige Reihe 112 für den Schnellzugverkehr und als Reihe 143 für den gemischten Dienst. Nach der Wende kamen zahlreiche Maschinen in die alten Bundesländer und wurden dort unter anderem im S-Bahn-Verkehr des Rhein-Ruhr-Raumes anstelle der Reihe 111 eingesetzt. Dazu erhielten sie die entsprechende Lackierung. Am Abend des 17. März 1996 steht 143 579-1 mit ihrem Zug der Linie S 8 nach Mönchengladbach im Hagener Hauptbahnhof

F 211: Einteiliger Dieseltriebwagen der Reihe 627.1 vom Bw Kempten auf der Außerfernbahn bei Oberzollhaus. Neben diesen Fahrzeugen verkehrten im Jahr der Aufnahme auch die zweiteiligen 628.0, 628.1 und 628.2 auf dieser Strecke, die von Kempten aus durch Österreich nach Garmisch führt (Aufnahme: Oberzollhaus, 16. Juli 1997)

F 201: Auf der steigungsreichen Allgäustrecke Lindau-München müssen Schnellzüge mit zwei Maschinen der Reihe 218 befördert werden. Zu diesem Zweck sind zahlreiche dieser starken Dieselmaschinen im Bw Kempten beheimatet.
Am 14. Juli 1997 befördern zwei dieser Lokomotiven den „Schweizer Schnellzug" am Niedersonthofener See in Richtung München

C 117: Auch heute noch vielseitig verwendbar sind die zusammen mit der Reihe 110 ab Mitte der fünfziger Jahre in Dienst gestellten Mehrzweckmaschinen der Reihe 140. Im Unterschied zur 110 hat die 140 eine andere Getriebeübersetzung mit geringerer Endgeschwindigkeit. Es ist die am häufigsten gebaute E-Loktype der DB (Aufnahme: Marienhafe 2. April 1996)

H 130: Eine Weiterentwicklung der Reihe 110 stellt die Reihe 111 dar, die ab 1974 in Dienst gestellt wurde. Lange Jahre wurden zahlreiche Maschinen im S-Bahn-Dienst des Rhein-Ruhr-Gebiets eingesetzt, bis sie von Loks der Reihe 143 abgelöst wurden. Heute findet man sie häufig vor Regionalexpresszügen wie hier auf der Main-Weser-Bahn bei Marburg (Aufnahme vom 16. April 2003)

F 212: Als Weiterentwicklung der Vorserientriebwagen der Reihe 628.0 und 628.1 entstanden 1986 die Reihe 628.2 und 1992 die Reihe 628.4, die gegenüber der Vorserie durch einen anderen Wagenkasten auffallen. Am 16. Juli 1997 hat ein Wagen der Reihe 628.4 auf der Strecke Biessenhofen–Füssen in Kürze den Endbahnhof erreicht

A 903: Vom Betriebshof Dortmund aus werden die neuen „Schienenbusse" der Reihe 640 auf Nebenstrecken im Münsterland und im Sauerland eingesetzt. Am 12. Mai 2001 überquert ein solches Fahrzeug auf der Strecke Olpe–Finnentrop das Vorstaubecken der Biggetalsperre

F 298: Zwischen Freiburg und Elzach wurden im Frühjahr 2002 von der DB AG Loks der Reihe 218 eingesetzt. Die 1840 kW starken Maschinen zählen zu den gelungensten Konstruktionen im deutschen Nachkriegslokomotivbau, waren für den Betrieb auf einer Nebenbahn aber natürlich stark übermotorisiert und damit unwirtschaftlich. Heute ist die Strecke in den S-Bahn-ähnlichen übrigen Nebenbahnbetrieb rund um Freiburg und Offenburg einbezogen. Es verkehren Triebwagen des Typs „RegioShuttle" (DB-Baureihe 650) (Aufnahme: Buchholz, 2. April 2002)

C 224: Zumindest im Regionalverkehr wird man ab Dezember 2005 an die DB-Loks der Reihe 218 nicht mehr auf Sylt im Einsatz sehen, denn die Nord-Ostsee-Bahn hat den Zuschlag für die Marschbahn Hamburg-Altona–Westerland erhalten. Die MEX (Marschbahn-Express) genannten Züge werden dann von bärenstarken 3000-kW-Loks der Firma Vossloh (ehem. MAK) gezogen, die eine Höchstgeschwindigkeit von 160 km/h erreichen sollen. Auf dem Foto passiert am 14. August 2002 Lok 218 489-3 mit einem Autozug nach Niebüll das Einfahrsignal von Keitum/Sylt

A 966: Die Zukunft der Bahn im Personenverkehr liegt wohl im Triebwagenbetrieb. Aus diesem Grunde hat die DB verschiedene Elektrotriebwagentypen beschafft, die je nach Einsatzgebiet und -zweck unterschiedliche Türanordnungen oder Einstiegshöhen haben (Reihen 423, 424, 425). Der Typ 426 ist dagegen wesentlich kürzer. Auf dem Bild passiert ein Triebzug der Reihe 425 die Lennebrücke bei Werdohl (Strecke Hagen–Siegen) (Aufnahme: 24. April 2003)

A 971: Seit 1999 wird die Volmetalstrecke Lüdenscheid – Hagen (-Dortmund) von der DME (Dortmund-Märkische-Eisenbahn) mit Triebwagen des Typs „Talent“ bedient; ab 2005 allerdings kehrt die DB AG mit einem besseren Angebot auf die Strecke zurück.
Nach einem schweren Zusammenstoß zweier Triebwagen am 26. August 2002 verfügte die DME nur noch über zwei Talente und war gezwungen, zwei Triebwagen bei anderen Gesellschaften zu leihen. Ein Fahrzeug konnte von der Dürener Kreisbahn ausgeliehen werden, der geringe Komfort wird aber von Fahrgästen beklagt (Aufnahme: Brügge, 9. Juni 2003)

H 100: Inzwischen Geschichte sind die Interregio-Züge. Auf der Main-Weser-Bahn verkehrten sie im Zwei-Stunden-Takt von Frankfurt aus in Richtung Kassel. Sie wurden von hochmodernen Elektroloks der Reihe 101 mit 6400 kW Leistung gezogen, die auch im IC-Verkehr eingesetzt werden. Die mit Werbung verunstaltete Lok schiebt ihren Zug am 1. April 2001 bei Niederwalgern in Richtung Marburg

H 099: „Die Ablösung fährt schon mit. Das ehemalige Flaggschiff der Bundesbahn, die Reihe 103, befördert gegen Ende ihrer Einsatzzeit zusammen mit ihrer Nachfolgerin (Reihe 101) den Interregio nach Frankfurt bei Niederwalgern (Aufnahme: 1. April 2001)

F 242: Im Nah- und im aufkommenschwächeren Regionalverkehr bewährt haben sich die Triebwagen der Reihe 628. Am 22. Juli 1997 rollt ein Fahrzeug des Typs 628.2 bei Unterthalhofen auf der Strecke Immenstadt–Sonthofen seinem Zielbahnhof entgegen

F 254: Nachfolger des legendären Schienenbusses sollte die Reihe 627 werden. Daraus wurde bekanntlich nichts, weil in den siebziger und achtziger Jahren sich das Nebenbahnsterben weiter fortsetzte und deshalb kein Bedarf an solchen Fahrzeugen bestand. Erst heute besinnt man sich darauf, Schienenwege zu reaktivieren. Für den Dienst auf diesen Strecken beschafft die DB AG aber natürlich modernere Fahrzeuge der Reihen 640 bis 650 (Aufnahme: Oy 23. Juli 1997 / Strecke Kempten–Pfronten)

Schnellzug-lokomotive 05 003

Ein glückloser Einzelgänger

von Manfred Weisbrod

Als die Deutsche Reichsbahn-Gesellschaft (DRG) 1932 den Bau einer Schnellfahrlokomotive plante, war vordergründig an die Erprobung von Reisezugwagen im Geschwindigkeitsbereich bis 150 km/h gedacht, weniger an eine Erhöhung der Reisegeschwindigkeit von Schnellzügen. Die Vorstellungen der Hauptverwaltung (Hv) und des Eisenbahn-Zentralamtes (EZA) von einer solchen Lokomotive waren jedoch recht gegensätzlich, so dass auch die Entwürfe der Lokomotivfabriken entsprechend kontrovers ausfielen, weil jeder Erfahrungswert fehlte.

Schwartzkopff bot eine Lokomotive mit Vierzylinder-Triebwerk, Schichau eine Maschine mit 2500 mm Kuppelraddurchmesser, Krupp eine Turbinenlokomotive und Henschel hatte eine ölgefeuerte Lokomotive mit Frontführerstand im Programm. 150 km/h wollten alle Entwürfe erreichen. Eine derartige Geschwindigkeit war gelegentlich im Versuchsbetrieb gefahren worden, im Regelbetrieb noch nie.

Den Zuschlag erhielten die Borsig-Lokomotivwerke (BLW), die auf diesem Gebiet die meiste Vorarbeit geleistet hatten. Borsig plädierte für 2300 mm Kuppelraddurchmesser und Stromlinienverkleidung von Lok und Tender. Zur Ermittlung der Stromschalenform fanden Versuche im Windkanal statt.

05 001 und 05 002

Die BLW erhielten den Auftrag zum Bau von zwei Lokomotiven, die die Fabriknummern 14 552 und 14 553 bekamen. Die Maschinen waren zum Einsatz auf der Strecke Berlin – Hamburg bestimmt und sollten den Beweis antreten, dass mit Dampflokomotiven die gleichen Fahrzeiten erbracht werden konnten wie mit dieselgetriebenen Schnelltriebwagen. Um Erfahrungen mit Stromlinienverkleidung zu sammeln, erhielt die 03 154 aus der laufenden Serie bei Borsig eine Teilverkleidung und die 03 193 eine Vollverklei-

Die 05 003 in der Endfertigung. Noch fehlen die Verglasung von Fenstern und Türen sowie der endgültige Lack, aber ein BLW-Mitarbeiter demonstriert schon mal die Position des Lokführers

Endfertigung der 05 003. Die noch offenen Aussparungen geben die Armaturen frei und werden durch Klappen verschlossen. Der Zweite von links (stehend im Gleis) ist Chefkonstrukteur Dipl.-Ing. Adolf Wolff

dung nach dem Muster der Baureihe 05 und auch deren Stromlinientender 2'3 T 37 St. Die 03 193 war als Reservelokomotive bei Ausfall einer 05 vorgesehen, sie hatte die Fabriknummer 14 554 in dieser Reihe erhalten und war auf den ersten Blick nicht von den beiden 05-Lokomotiven zu unterscheiden. Was auch beabsichtigt war, denn es musste nicht jeder gleich mitbekommen, dass heute keine 05 vorgespannt war. Die 05 001 und 05 002 sind im März bzw. Mai 1935 der DRG übergeben worden, bewährten sich vorzüglich und erreichten problemlos Geschwindigkeiten von 175 km/h. Die 05 002 fuhr am 11. Mai 1936 mit dem Probezug 4317 (197 t Wagenzugmasse) zwischen Hamburg und Berlin sogar Weltrekord für Dampflokomotiven mit 200,4 km/h.

Kohlenstaublokomotive 05 003

Bereits beim Bau der 05 001/002 hatten Kritiker die eingeschränkte Signalbeobachtung durch das Personal bei den Schnellfahrlokomotiven bemängelt. Dem Lokführer (wie dem Heizer) blieb nur das längsovale Fenster in der Führerhaus-Vorderwand um auf die Strecke zu schauen. Hier hatte man aber noch etwa 15 m Langkessel vor sich, ehe die Sicht auf die Strecke frei war. Der Blick aus dem Seitenfenster nach vorn verbot sich bei Geschwindigkeiten über 120 km/h von selbst. So strebte man eine dritte Schnellfahrlokomotive an, für die aber Friedrich Fuchs von der Hauptverwaltung einen Frontführerstand wie bei einer Ellok wünschte. Derartige Lokomotiven hatte es in Deutschland schon gegeben, z. B. 1904 die S 9 (2'B 2'n3v) von Henschel in der Bauart Wittfeld-Kuhn oder die 2'C 2'-Schnellzug-Tenderlokomotive der Gattung T 16 (Bahnnummer ERFURT 1380), ebenfalls 1904 von Henschel gebaut. Weil bei der dritten Schnellfahrlokomotive Lokführer und Heizer bei der Dienstausübung nicht getrennt werden sollten, schied Stückkohle als Brennstoff aus, es blieben nur Heizöl oder Kohlenstaub. Heizöl wiederum verbot die damalige Rohstoffsituation. Die Lokomotive musste also in der Hauptfahrrichtung rückwärts laufen, der Tender folgte hinter der Rauchkammer. Die Hauptverwaltung hat sich auffällig oft und massiv in die konstruktive Durchbildung eingeschaltet. Eingriffe des Beschaffungsdezernenten vom Eisenbahn-Zentralamt war man bei den Konstruktionsbüros der Lokomotivfabriken oder beim Zentralen Konstruktionsbüro (Vereinheitlichungsbüro) gewöhnt, aber sie wurden nie so publik wie bei der 05 003. Man hätte durchaus Lokführer und Heizer bei der Dienstausübung trennen können und lediglich einen Führerstand vor der Rauchkammer aufbauen müssen, aber dann hätte der Lokführer einen Beimann bekommen müssen, denn eine einmännige Führerstandsbesetzung verboten die Vorschriften. Und schon wären die Personalkosten um 30 Prozent angestiegen.

Verbrennung von Steinkohlenstaub

Mit der Verfeuerung von Kohlenstaub in Lokomotiven hatte die DRG durchaus Erfahrungen und Erfolge. Zwischen 1928 und 1930 sind sechs Lokomotiven der Gattung pr. G 12 (BR 5810) und vier Lokomotiven der Gattung pr. G 82 (BR 5620-28) auf Kohlenstaubfeuerungen der Systeme AEG und STUG umgebaut worden. Die Versuchslokomotiven verwendeten mitteldeutschen bzw. Lausitzer Braunkohlenstaub, der genau ausgesucht werden musste (nach Mahlfeinheit, Aschegehalt und Schlackeschmelzpunkt), um erfolgreich verbrannt werden zu können. Noch komplizierter waren die Verhältnisse bei der Verwendung von Steinkohlenstaub. Hier war eine genaue Abstimmung der Verhältnisse zwischen Brennraum, Brennweg, Mahlfeinheit und Luftüberschuss von größter Bedeutung. Die Entfernung zwischen Tender und voranlaufender Feuerbüchse sah man nicht als das Problem an, weil in ortsfesten Anlagen Kohlenstaub mit Druckluft über größere Entfernungen transportiert werden konnte und man Länge und Verlauf der Leitungen bis zum Brenner nachgestellt hatte. Wenngleich mit der Verbrennung von Steinkohlenstaub in Lokomotiven noch keine positiven Erfahrungen vorlagen, wagten sich die BLW 1934 an eine solche Lokomotive. Nicht förderlich war die Forderung des Auftraggebers, Steinkohlenstaub der Zeche Ewald aus Hamm zu verwenden, eine als schwer absetzbar bekannte Sorte. Die Kohlenstaublokomotiven der Bauformen AEG und STUG unterschieden sich im Wesentlichen durch die Anordnung und Ausführung der Brenner. Die AEG, zu der auch die BLW gehörten, bevorzugten die seitlichen Düsenbrenner (auch bei der 05 003), die Bauart STUG verwendete von hinten in die Feuerbüchse eingeführte Brausebrenner.

Noch ein weiterer Eingriff des Bestellers in der Konstruktionsphase erschwerte dem Hersteller die Arbeit. Sowohl die Systeme AEG als auch STUG hatten aus Erfahrung die Gebläse vor der Förderschnecke angeordnet. Das EZA verlangte die Anordnung der Gebläse nach der Förderschnecke. Eine wei-

Die 05 003 fertig ausgerüstet, lackiert und beschriftet. Der Aufstieg zwischen Lok und Tender führt zur Rauchkammer und zur Kupplung von Lok und Tender mit allen Leitungen

Frontführerstand der 05 003, die so in der Hauptfahrrichtung rückwärts fuhr

Pferdegespann und Stromlinienlokomotive – ein schöner Kontrast. Der Faltenbalg an der Tenderrückwand ist nur Attrappe, um Luftverwirbelungen zwischen Lok und erstem Wagen zu mildern. Es ist kein Einstieg in den Tender, nur der Zugang zum Werkzeugschrank

05 003 im Fotografieranstrich mit gedrehtem Kessel in der Regelausführung im Februar 1945 kurz vor der Ablieferung an die RBD Altona

tere Bedingung war, bei Fehlschlagen der Kohlenstaubversuche die Lokomotive in eine normale rostgefeuerte Maschine mit voranfahrender Rauchkammer umzubauen zu können. Der Konstrukteur der 05 003, Adolf Wolff, hatte in Anlehnung an den amerikanischen Lokomotivbau einen Kessel mit Verbrennungskammer entwickelt, um den Kohlestaubteilchen den benötigten langen Ausbrennweg zu schaffen. Es war der erste Verbrennungskammerkessel, der für deutsche Bahnen gebaut worden ist. Mit der 1500 mm langen Verbrennungskammer hatte die Feuerbüchse eine Länge von 3600 mm, so dass zur Minderung möglicher Überbeanspruchung der Stehbolzen eine Dehnungfalte zwischen Feuerbüchse und Verbrennungskammer vorgesehen wurde. Zuvor hatte es in dieser Angelegenheit einen brieflichen Erfahrungsaustausch zwischen Adolf Wolff und F. W. Hankins von der Pennsylvania Rrd. gegeben. Die Pennsylvania Rrd. hatte in den 2'D 1'-Lokomotiven der Klasse M 1 a 5300 mm lange Feuerbüchsen mit 2400 mm langer Verbrennungskammer eingebaut, und F. W. Hankins bestätigte Adolf Wolff, dass bei diesen Lokomotiven dank der Dehnungsfalte wesentlich weniger Stehbolzen-Undichtigkeiten und -Brüche auftraten als an Lokomotiven anderer Klassen.

Triebwerk der 05 003 mit Indusi-Magneten zwischen 2. und 3. Kuppelradsatz. Die Maschine besaß keinen zentralen Sandkasten auf dem Kesselscheitel, sondern für jedes Kuppelrad einen separaten Sandkasten auf dem Umlauf

Der größte Tender der Deutschen Reichsbahn-Gesellschaft, der 2'3 T 38,5 mit 12 m³ Wasser. Der Tender war leicht hecklastig, was das Foto glaubhaft vermitteln kann

Versuchsbetrieb mit Braunkohlenstaub

1937 war die 05 003 so weit fertig gestellt, dass der Versuchsbetrieb beginnen konnte. Jedoch war der benötigte Steinkohlenstaub nicht angeliefert worden, so dass man sich entschied, die Anlagen zunächst mit Braunkohlenstaub der Michel-Grube zu betreiben, um die Funktion der Fördereinrichtungen zu erproben. Logischerweise erreichte die 05 003 mit Braunkohlenstaub nur etwas zwei Drittel der Leistungen der 05 001 und 05 002 mit Stückkohlefeuerung. Um eine höhere Leistung zu erzielen hätte das Übersetzungsverhältnis zwischen Gebläse-Turbine und Förderschnecken geändert werden müssen. Dennoch erzielte die 05 003 ohne Probleme eine Geschwindigkeit von 120 k/h bei 15 Prozent Füllung und 18 bar Schieberkastendruck. Weil die Feuerungsleistung nicht zu steigern war, konnte der vorgesehene Kesseldruck von 20 bar nicht erreicht werden. Versuche mit Braunkohlenstaub fanden am 16. November 1937 und am 1. Oktober 1937 auf der Strecke Berlin – Hamburg statt. Am 13. Dezember 1937 begannen die Versuche mit Steinkohlenstaub der Zeche Ewald.

Versuche mit Steinkohlenstaub

Schon bei den ersten Fahrten zeigten sich bei der Verbrennung große Schwierigkeiten. Sobald die Leistung eine bestimmte Grenze überschritt, versagte die Feuerung wegen Luftmangels. Adolf Wolff schrieb dazu: „Außerdem brachte der unstetige Verlauf der Staubförderrohre Entmischungserscheinungen und beträchtliche Druckverluste, so dass mit steigender Fördermenge der Steinkohlenstaub teilweise ohne zu zünden aus den Brennern herausfiel. Für den in der Schwebe gehaltenen Teil des Staubes fehlte es bei größerer Leistung an der nötigen Verbrennungsluft und an der für das Ausbrennen erforderlichen Zeit. Die Saugzuganlage reichte nicht aus, um die Zweitluft in die Brennkammer zu ziehen. Hierbei war der Unterdruck, der sich am Kopfende der Lokomotive als Folge der Stromlinienverkleidung bildete, besonders hinderlich, außerdem lag die Lufteintrittsöffnung der Brennkammer im Windschatten des voranlaufenden Drehgestelles. Schwere Schlackennester versetzten nach verhältnismäßig kurzer Fahrt die Rohrwand. Es bildeten sich Schlackentrichter an den Rauchrohr- und Heizrohrmündungen, die sich allmählich vollständig schlossen und die Verdampfungsfähigkeit des Kessels bis auf den Nullpunkt herunterdrückten…"

Tarnanstrich und Sichtblenden, angebracht im Februar 1945, um die Kontur der Lokomotive in der Landschaft aufzulösen

Es war nicht möglich, die von der DRG als Kesselgrenze festgesetzte Heizflächenbelastung von 57 kg/m²h zu erreichen. Bauliche Veränderungen an der Sekundärluftzuführung, an der Brennkammerausmauerung usw. brachten keinen Erfolg, so dass man sich schließlich genötigt sah, die Fahrten abzubrechen. Erschwerend kam hinzu, dass der Steinkohlenstaub eine stark eisenhaltige Schlacke mit einem niedrigen Schmelzpunkt von 1030 Grad Celsius bis 1090 Grad Celsius bildete, die das Zusetzen der Rohrwand begünstigte. Ursache für den Misserfolg war zweifellos unzureichende Zuführung von Verbrennungsluft. Ein zu großer Luftüberschuss ergibt Wärmeverluste in den Abgasen, zu geringe Zufuhr von Verbrennungsluft führt zu unvollständiger Verbrennung und zu langen Ausbrennzeiten. Das AEG-Turbogebläse hatte man auf dem Prüfstand eingestellt und man ging davon aus, dass es ausreichend dosierte Primärluft lieferte. Den Anteil der Sekundärluft versuchte man durch verschiedene bauliche Maßnahmen zu vergrößern: man änderte die Blasrohrverhältnisse, schaffte Lufteintrittsöffnungen an der Stirnseite der Stromlinienverkleidung und unterhalb der beiden Brenner. Bei einer der folgenden Versuchsfahrten sollte die Dampferzeugung bei hoher Kesselanstrengung über eine längere Strecke durchgehalten werden, ohne auf den wirtschaftlichen Betrieb der Lokomotive Rücksicht zu nehmen. Man entfernte aus zwölf Rauchrohren die Überhitzerelemente und vergrößerte so die freie Durchtrittsfläche für die Gase von 0,457 m² auf 0,605 m². Gefahren wurde mit V = 100 km/h, 13 bar Schieberkastendruck und 20 Prozent Füllung. Nach 77 km Fahrstrecke hatte sich die freie Fläche der unbesetzten Rauchrohre von

So sah die 05 003 im letzten Betriebszustand beim Bw Hamm der BD Essen aus. Der Betrachter mag selbst urteilen, ob ihr die Witte- oder die Wagner-Windleitbleche besser zu Gesicht standen

101,5 mm Durchmesser durch Flugkoksansatz auf 60 mm verringert. Nach weiteren 78 km Fahrstrecke musste die Fahrt wegen Verkrustung der Rohrwand abgebrochen werden.

Es hätten nun noch weitere Versuche folgen können, bei denen Antrieb von Gebläse und Förderschnecken unabhängig voneinander erfolgte oder die Brennstaubzufuhr durch ein Zwischengetriebe variabel war. Aber da keine endgültige Klarheit darüber bestand, ob der Luftmangel von der Primär- oder der Sekundärluft herrührte, folgte man dem Wunsch der Erbauerfirma, die Verbrennungsluftverhältnisse zunächst im Standversuch zu überprüfen.

Standversuche und Umbauten

Im Sommer 1939 ist die 05 003 wieder dem Hennigsdorfer Werk der BLW zugeführt worden. Jetzt wurde die gesamte Luftführung von den Ausblasstutzen des Gebläses bis zu den Brennern untersucht und an allen kritischen Stellen sind Druckmesser angebracht worden. Die Blasversuche erfolgten bei unterschiedlichen Drehzahlen der Turbine, für deren Antrieb Fremddampf verwendet wurde. Die Förderschnecken waren ausgekuppelt. Leider sind die Aufzeichnungen über diese Versuche nicht erhalten geblieben, aber so viel ist überliefert, dass 80 Prozent der vom Gebläse erzeugten Luftpressung auf dem Wege zu den Brennern verlorengingen. Dabei sind die Versuche ohne Brennstaub gefahren worden; mit Brennstaub wären die Druckverluste durch die Reibung noch drastischer gewesen. Die Druckverluste begannen schon am Ausblasestutzen der Turbine, setzten sich in der Umführung der Förderschneckengehäuse fort und summierten sich in den vielen Richtungs- und Querschnittsänderungen der Staubleitungen unter der Lokomotive. Hier also lag die Ursache für das Versagen der Feuerung!

Die BLW beschlossen nun, die Kohlenstaubförderanlage nach eigenen Erkenntnissen in der Art umzubauen, wie es ursprünglich beabsichtigt gewesen war, aber von der DRG nicht genehmigt worden ist. Das Gebläse wurde an das vordere Ende des Tenders verlegt, der nutzlose Lufterhitzer ausgebaut. Die Förderrohre wurden begradigt und in den Querschnitten angepasst, sofern das die baulichen Verhältnisse gestatteten. Gemeinsam mit der Turbinenfabrik der AEG ist ein neues Fördergebläse entwickelt worden, das beide Förderleitungen getrennt mit Luft versorgen konnte. Die Leistung des neuen Gebläses betrug 16 000 m^3/h Luft bei 4000 min^{-1} und 400-mm-WS-Pressung. Dennoch gingen auch bei dieser Versuchsanordnung etwa 50 Prozent des erzeugten Druckes auf dem Wege zu den Brennern verloren. Es war also unmöglich, auch nur für eine Messfahrt die Lokomotive bahnfest herzurichten.

Inzwischen war der Krieg ausgebrochen und es gab für eine in die Rüstungsindustrie involvierte Firma wie die BLW wichtigere Arbeiten, als eine Kohlenstaub-Schnellzuglokomotive betriebsfähig auszurichten. Inzwischen hatten sich auch die Umstände geändert. Die Zeche Ewald musste sich nicht mehr um Abnehmer für ihren Steinkohlenstaub sorgen. Die bisher durchgeführten Versuchsfahrten hatten ergeben, dass es unzumutbar für die Reisenden war, bei dem Staubauswurf aus dem Schornstein die Lokomotive im Reisezudienst einzusetzen (nach 500 km Fahrstrecke wurden 25 kg Staub vom Dach des Meßwagens entfernt).

Obwohl der Schnellverkehr mit Kriegsausbruch eingestellt worden war, gab es doch einen Bedarf der Reichsbahn an schnellfahrenden Lokomotiven. Der Weiterbau der Dreizylinder-Lokomotiven 0110/0310 war gestoppt worden, so dass die im Bau befindliche 05 003 die vorerst letzte Gelegenheit war, eine schnellfahrende Lokomotive zu erhalten.

Umbau der 05 003 in eine rostgefeuerte Lokomotive

Die DRG gab den BLW den Auftrag, die 05 003 in eine rostgefeuerte, mit dem Schornstein vorauslaufende Lokomotive umzubauen und sie den Schwesterlokomotiven 05 001 und 05 002 anzugleichen. Auch hier zwang der Krieg die BLW die Entwurfsarbeiten abzubrechen und erst im Sommer 1944, als der Lokomotivmangel wieder sehr dringlich wurde, konnte weitergearbeitet werden. Auf Vorschlag von Adolf Wolff nahm die DRG davon Abstand, der Lokomotive eine Stromschale zu geben und stimmte einer unverkleideten Ausführung zu. Über den Umbau der Steuerung schreibt Adolf Wolff: „Da die Steuerung aber so eingerichtet war, dass die Steine in den Schwingen bei Vorwärtsfahrt (also mit dem Führerstand voraus) im unteren Teil der Schwingen lagen, musste die Stellung der Schwingenkurbeln so geändert werden, dass dieses nun auch bei der geänderten Fahrtrichtung der Fall ist, um die Beanspruchung der Schwingen durch die Massenkräfte bei hohen Geschwindigkeiten niedrig zu halten. Dazu war es notwendig, die Treibzapfen und auch die gekröpfte Achswelle aus den Radsternen herauszupressen. Da aber die Räder, nachdem bei den seinerzeitigen Schnellfahr- und Schnellbremsversuchen mit der Lokomotive 05 001 Verschiebungen auf den Achsstummeln eingetreten waren, die Achswelle beim Abziehen schadhaft wurde, musste sie durch eine neue ersetzt werden. Diese Arbeit führte der Bochumer Verein trotz schwierigster Zeiten in dankenswerter Weise aus. Im Zusammenhang mit der Steuerungsänderung mussten auch die Abweichwinkel der Gegengewichte durch Abbohren und Aufschweißen berichtigt werden. Es mussten auch Pufferträger und Kuppelkasten an das andere Ende der Lokomotive versetzt werden. Die entsprechenden Bauteile wurden vorn und hinten abgeschnitten und durch Anschweißstücke ersetzt. Es

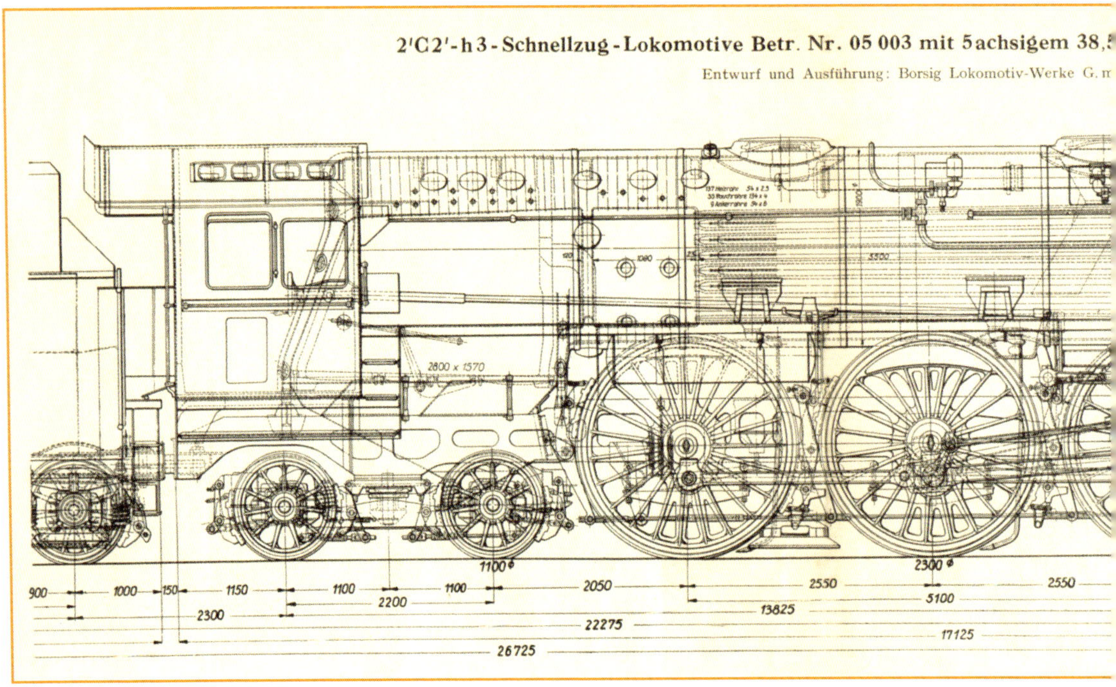

war wegen des zu hohen Arbeitsaufwandes nicht vertretbar, die übliche Rostneigung von 1:7,8 zu erreichen; durch entsprechende Neigung des Rostbalkenträgers kam eine Neigung von 1:12 zustande. Etwas schwierig war auch der Einbau des Aschkastens, da die 05 003 im vorderen und hinteren Drehgestell Innenrahmen mit inneren Fischer-Rollenlagern besaß. 05 001/002 hatten hinten Außenrahmendrehgestelle."

Kompliziert war auch der Umbau der Tenders. Von Vorteil war die Schweißausführung. So konnte man mit dem Schneidbrenner trennen und aus den Blechen des Kohlestaubbunkers den Kohlekasten zusammenschweißen. Der wurde vom Leichtbautender der Bauart Westwaggon übernommen. Mit 38,5 m³ Wasser und 12 t Kohle war es der größte Tender der Deutschen Reichbahn.

Ablieferung an die Rbd Altona

Die Lokomotive trug das Fabrikschild Borsig Lokomotiv-Werke G.m.b.H., Hennigsdorf. Fabriknummer 14 555, Baujahr 1937, umgebaut 1945. Sie kam im März 1945 (!) an die Rbd Altona.

Der Umbau der 05 003 in eine rostgefeuerte Lokomotive und ihre Fertigstellung im vierten und fünften Kriegsjahr gehört zu den wundersamsten Dingen, die kurz vor Kriegsende bei der Deutschen Reichsbahn (-Gesellschaft) passierten. Bereits im März 1942 hatte der Hauptausschuss Schienenfahrzeuge als Organ des Ministeriums für Bewaffnung und Munition das Reichsverkehrsministerium (RVM) und das Reichsbahn-Zentralamt (RZA) entmachtet. Welche Lokomotiven in welcher Ausführung und welcher Stückzahl gebaut wurden, bestimmte der Hauptausschuss. Das EZA war nur Besteller und Rechnungsempfänger. Gebaut werden durften an Dampflokomotiven nur die Baureihen 44, 50 und 86 in der Übergangs-Kriegsausführung (ÜK), dann nur die Kriegslokomotiven der Baureihen 42 und 52. Die Verhandlungen zur 05 003 liefen weiterhin zwischen den BLW und dem RZA. Es gibt keinen Hinweis auf Einmischungen des Hauptausschusses, weder in den Sitzungsprotokollen noch im Bericht von Adolf Wolff. Da die BLW immerhin, mit langen Unterbrechungen, rund zehn Jahre an der Lokomotive gebaut haben, ist das Projekt vermutlich immer mal wieder bei den höheren Stellen in Vergessenheit geraten. Es ist unglaublich, sich vorzustellen, dass zu einem Zeitpunkt, als fast die letzte Kirchenglocke und alle entbehrlich erscheinenden Bronzeplastiken im Schmelztiegel der Rüstungsindustrie verschwunden waren, mit Akribie an einer Schnellfahrlokomotive gebaut worden ist, obwohl es schon seit fast sechs Jahren keinen planmässigen Schnellverkehr mehr gab. Es muss im Osthavelland in Hennigsdorf fast schon der Geschütz-

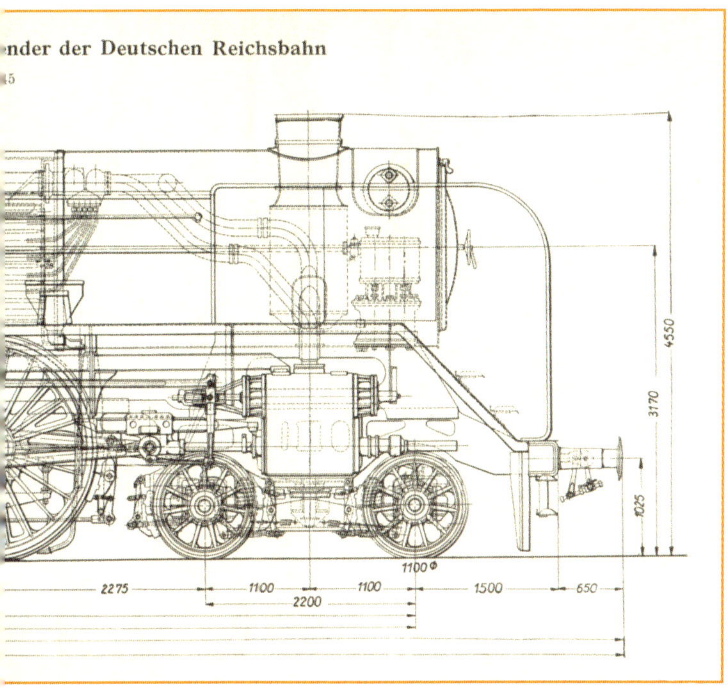

Hauptabmessungen der Lokomotive

Zylinderdurchmesser	3x450 mm
Kolbenhub	660 mm
Treibraddurchmesser	2300 mm
Lauraddurchmesser	1100 mm
Dampfdruck	20kg/cm²
Rostfläche	4,4 m²
Heizfläche der Feuerbüchse	22,66 m²
Heizfläche der Rohre	205,29 m²
Verdampfungsheizfläche	227,95 m²
Überhitzerheizfläche	81,90 m²
Gesamtheizfläche	309,85 m²
Leergewicht	114,0 t
Dienstgewicht	124,0 t
Reibungsgewicht	56,0 t
Größte Geschwindigkeit	175 km/h

donner aus dem Oderbruch zu hören gewesen sein, als man die 05 003 im Fotoanstrich lackierte.

So blieb sie natürlich nicht. Der Hersteller trug der Realität Rechnung, versah sie mit einem Tarnanstrich und seitlichen Blenden. Diese hatten weniger die Aufgabe, Kessel und Triebwerk vor Tieffliegerbeschuss zu schützen als die Konturen der riesigen Lokomotive in der Landschaft aufzulösen, damit sie nicht ohne weiteres von angloamerikanischen Jagdbombern erkannt werden konnte.

Im März 1945 dampfte die 05 003 in die Rbd Altona, wurde im Bw Hu-sum abgestellt und wartete dort auf das Kriegsende.

Der Nachkriegseinsatz

Nach einer Inspektion im September 1945 konnte keine Inbetriebnahme wegen fehlender Ersatzteile erfolgen. Bis Mai 1947 stand die Maschine dann auf einem Abstellgleis im Bw Neumünster, ehe sie beim Bw Hamm, natürlich ohne die nachträglich angebauten Blenden, erstmals in den Planeinsatz kam. Obwohl es von der Baureihe 05 nur drei Exemplare gab, hat die Deutsche Bundesbahn, abweichend von ihren Prizipien, sie nicht als Splittergattung ausgemustert. Im Jahre 1950 haben alle drei Maschinen bei Krauss-Maffei in München eine Hauptuntersuchung bekommen. Bei dieser Gelegenheit sind die Stromlinienverkleidungen von 05 001 und 05 002 entfernt worden. Die Wahl fiel auf Krauss-Maffei, weil der Chefkonstrukteur der BLW und geistige Vater der BR 05, Adolf Wolff, jetzt bei Krauss-Maffei beschäftigt wa, und eine bessere Betreuung der Untersuchung konnte man sich nicht wünschen.

Bei der 05 003 beschränkte sich der Umbauaufwand auf den Ersatz der Wagner-Windleitbleche durch solche der Bauart Witte. Bei allen drei Lokomotiven ist der Kesseldruck von 20 bar auf 16 bar reduziert worden, denn die Kessel bestanden aus dem Sonderbaustahl St 47 K. Für die 05 003 war das der dritte Umbau innerhalb eines Jahrzehnts. Als sie am 24. Oktober 1950 die Werkhallen von KM in München-Allach verließ, war sie fast ladenneu, denn ihre Laufleistungen bisher waren bescheiden. Der 05 003 bleibt der Ruhm, die teuerste deutsche Dampflokomotive gewesen zu sein, denn Konstruktion, Bau und Umbau verschlangen die irrsinnige Summe von 300 000 RM. Zum Vergleich: für diesen Betrag in DM bekam man in den neunziger Jahren in Meiningen kaum die Hauptuntersuchung einer Damoflokomotive, zu DRG-Zeiten aber fast zwei Stromlinienlokomotiven der Baureihe 0310.

Die drei Lokomotiven der Baureihe 05 kamen zum Bw Hamm der BD Essen und bespannten im FD-Plan die Fernschnellzüge „Dompfeil", „Hanseat", „Sachsenross" „Senator" und „Gambrinus", die zwischen Hamburg und Köln bzw. Frankfurt (Main) mit 140 km/h befördert worden sind. Laufleistungen von täglich mehr als 700 km waren die Regel. Im Brennstoffverbrauch ist die 05 003 am sparsamsten gewesen, was bei ihrem hochmodernen Verbrennungskammerkessel auch zu erwarten war. Der Vergleich der Kesselabmessungen zeigt das günstige Verhältnis zwischen Rohrheizfläche und Strahlungsheizfläche bei der 05 003 gegenüber den beiden anderen Maschinen.

Mit dem Erscheinen der Großdiesellokomotiven der Baureihe V 200 erachtete die DB die Dampflokomotiven der Baureihe 05 für entbehrlich und stellte sie 1957/1958 ab. Die 05 003 ist am 14. Juli 1958 ausgemustert worden, ohne eine Laufleistung von mehr als 800 000 km erreicht zu haben. Auf die Idee, diese Weltrekordlokomotive 05 002 oder auch die einstige Frontführerstandsmaschine 05 003 für die Nachwelt zu erhalten, kam damals niemand, die Lokomotiven wanderten in den Schrott. Lediglich der 05 001 war es vergönnt, unter Mitwirkung von Adolf Wolff wieder halbseitig eine Stromschale zu erhalten und in dem Verkehrsmuseum Nürnberg ausgestellt zu werden.

Vergleich der Kesselabmessungen von 05 001/002 und 05 003

Lokomotive	Dimension	05 001/002	05 003
Rohrwandabstand	mm	7000	5500
Rostfläche	m^2	4,7	4,4
Heizfläche Feuerbüchse	m^2	18,5	22,6
Heizfläche Rauchrohre	m^2	86,2	81,72
Heizfläche Heizrohre	m^2	151,3	123,52
Verdampfungsheizfläche	m^2	256,0	227,90
Überhitzerheizfläche	m^2	90,0	81,9
Wasserinhalt	m^3	10,85	9,9
Dampfraum	m^3	4,9	3,8
Verdampfungs-Oberfläche	m^2	15,6	13,2
Kesselheizfläche:Rostfläche		54,5	51,9
Rohrheizfläche:Feuerbüchsheizfläche		12,76	9,05

Zahnradlokomotiven in Deutschland

von Lothar Spielhoff

Bei den Zahnradbahnen wird die Zugkraft der Lokomotive mittels eines Zahnrades auf die Zahnstange übertragen, die sich zwischen den glatten Schienen, in der Regel in der Gleismitte, befindet. Die Räder der Lokomotive laufen mit ihren glatten Rädern auf den glatten Schienen, die aber in vielen Fällen einen Teil der Zugkräfte übertragen. Man unterscheidet zwischen reinen Zahnradbahnen, die die Zugkräfte nur von den Zahnrädern auf die Zahnstange übertragen und gemischten oder vereinigten Reibungs- und Zahnradbahnen, bei denen Reibungs- und Zahnstrecken wechseln. In den meisten Fällen werden in den Zahnstrecken auch Reibungszugkräfte ausgenutzt. Für den Betrieb derartiger Bahnen gibt es drei Bauarten:

- Leiterzahnstangen: Riggenbach, Bissinger-Klose, Strub
- Stufenstangen: Abt
- Liegende Doppelstange: Locher

In Deutschland wurde am meisten Abt verwendet, danach Bissinger-Klose und Strub.

Reine Zahnradbahnen gab es früher in Deutschland mehrere, besonders entlang des Rheins als Ausflugsbahnen auf bekannte Berge. Heute ist noch die Drachenfelsbahn in Königswinter und in Stuttgart die Stadtbahn nach Degerloch vorhanden, beide mit dem System Riggenbach ausgeführt. Gemischter Zahnrad- bzw. Adhäsionsbetrieb sind die Zugspitzbahn, System Riggenbach, und die Wendelsteinbahn, System Strub.

Gemischte Zahnrad- bzw. Adhäsionsbahnen (Reibungsbetrieb) hatte Deutschland in Normalspur (1435 mm) auf 14 verschiedenen Strecken, die aber heute, soweit noch vorhanden, alle mit Adhäsions-Lokomotiven betrieben werden, denn die Lokomotivindustrie entwickelte im Laufe der Jahrzehnte Lokomotiven mit einem höheren Achsdruck bzw. Adhäsionsgewicht und leistungsfähige Kessel, um den Zahnradbetrieb einzustellen.

Im Jahre 1871 wurde in der Schweiz bei der Rigibahn nach dem System Riggenbach erstmals eine reine Zahnradbahn in Betrieb genommen. Weltweit wurden 64 Bahnen damit ausgeführt, 78 Bahnen nach dem System Abt und 29 Bahnen nach dem System Strub, alle mit unterschiedlichen Steigungen.

Die Riggenbach'sche Zahnstange besteht aus zwei waagerecht angeordneten U-Eisen-Wangen, bei denen eingewalzte Zähne mit trapezförmigem Querschnitt kalt eingenietet wurden. Die Zähne wurden an beiden Enden angedreht, um sie gegen Verdrehen zu sichern, an den Zapfen abgeflacht. In den Wangen wurden die Löcher zur Aufnahme der Zähne gestanzt oder gebohrt. Anfänglich waren die Zahnstangen höher als die Laufschienen, was ständig verbessert wurde.

Bei der Höllentalbahn hat Bissinger eine Zahnstange verwendet, bei der das Einnieten der Zähne vermieden wurde. Um die Zähne am Verdrehen zu hindern, war am Walzprofil der Wangen eine Leiste vorhanden, auf der die Zähne auflagen. Eine ähnliche Lösung hatte Klose verwendet.

Die von Riggenbach gebauten Zahnstangen sind schwere, aber solide Zahnstangen, deren Nachteil es war, dass in Kurven speziell gebogene Zahnstangenstücke verwendet werden mussten. Für kleine Radien war ein Abbiegen fast nicht möglich. Die Vorteile dieser sind so bedeutend, dass dieselben jedoch die Nachteile weitgehend aufwiegen.

Unter den Lamellenzahnstangen nimmt die von Roman Abt entwickelte Zahnstange die dominierende Stellung ein. Sie zeichnet sich gegenüber der Riggenbachs'chen Zahnstange durch ein wesentlich kleineres Laufmetergewicht aus und ist billiger in Herstellung und Verlegung. Sie ermöglicht die Anwendung kleiner Kurvenradien, ohne dass dadurch die Herstellung der Zahnstangen eine Verteuerung erfahren würde. Sehr günstig ist die Verteilung des Zahndruckes auf mehrere Punkte, so dass das Gleis geschont wird.

Die erste Anwendung dieses Systems erfolgte 1885 bei der Harzbahn (Blankenburg-Tanne), wo bei einer Steigung von 60 ‰ und einer Geschwindigkeit von 12 bis 15 km/h Anhängelasten von 100 t gefordert waren. Diese erste Zahnstange war dreilamellig. Spätere Bahnen wurden nur noch zweilamellig ausgeführt, was eine Vereinfachung und Verbilligung

C1' n2(4)-Zahnradtenderlokomotive von 1885 der Halberstadt-Blankenburger Eisenbahn (Harzbahn), gebaut von der Maschinenfabrik Esslingen Foto: Bellingrodt, Slg. Spielhoff

brachte, ohne Nachteile in Kauf zu nehmen. Die Abt'sche zweilamellige Zahnstange war in der Gleismitte verlegt. Beide Lamellen waren so gegeneinander versetzt, dass der Zahn der einen Stange die Zahnlücke der gegenüberliegenden drehte, so dass sich immer ein Zahn im Eingriff befand. Der Lamellenabstand in der Geraden betrug 40 mm, im Bogen 50 mm. Die Zahnstangenweichen wurden alle nur einlamellig ausgeführt. Im Winter kann der Schnee nach unten durchfallen, wodurch eine Vereisung fast nicht möglich ist. Mit dem Abt'schen System konnten am Oberbau der Gleise Einsparungen vorgenommen werden, die jedoch beim Bau der Fahrzeuge zu einem guten Teil wieder aufgebraucht wurden.

Ein weiteres Zahnstangensystem war das 1896 von Emil Viktor Strub entwickelte. Es besteht aus einer Breitfußschiene, aus deren konischem Kopf die Zähne mit einer Evolventenverzahnung herausgefräst wurden. Strub wollte mit seinem System gewisse Nachteile der anderen Systeme vermeiden und gleichzeitig die Verwendung von Sicherheitszangen ermöglichen. Diese Zangen sollten ein Aufsteigen eines Triebfahrzeuges vermeiden, sowie ein seitliches Abgleiten des Zahnrades verhindern und gleichzeitig als Notbremse dienen. Der Zahngrund wurde von der Mitte aus nach beiden Seiten abgeschrägt, um Steine zum Abgleiten zu bringen oder auch um Eis zu verdrängen. Das Strub'sche System war eine Mittellösung zwischen Leiter- und Lamellenzahnstange. Sie hatte wenige Reparaturen, da sie aus einem Stück bestand. Im fertigen Zustand kann sie jedem Krümmungshalbmesser angepasst werden. In Deutschland wurde diese robuste Zahnstange nur in Bayern zwischen Erlau und Wegscheid angewandt.

Beim Antrieb der Zahnradlokomotiven, die normalerweise mit je zwei Zylindern für den Adhäsions- und Zahnradantrieb erfolgte, kannte man verschiedene Ausführungen, bei denen der Antrieb der Triebzahnräder direkt erfolgte. Die für den vollbahnähnlichen Charakter gebauten Lokomotiven, in welchen aber zusätzlich ein Zahnradmechanismus eingebaut war, konnten somit universell eingesetzt werden. Eine zweite Gruppe umfasste Lokomotiven, bei denen das oder die Triebzahnräder über Zahnradvorgelege angetrieben wurden. Es gab hierbei in Deutschland folgende Ausführungen:

1. Maschinen mit zwei Triebzahnrädern und direktem Antrieb,
2. Maschinen mit durch Schwingen gebildeten Zwischenübersetzungen,

3. Maschinen mit einem über ein Zahnradvorgelege angetriebenen Triebzahnrad,
4. Maschinen mit zwei über ein Zahnradvorgelege angetriebenen Triebzahnrädern,
5. Maschinen mit Zahnradantrieben „System Winterthur".

Alle diese Systeme wurden je nach Einstellung und Erfahrung bei einzelnen Lokomotivgattungen angewandt. In Deutschland wurde die Pos. 1 am meisten gebaut.

Die ersten Zahnradlokomotiven in Deutschland waren im Jahre 1885 die der Halberstadt-Blankenburger Eisenbahn für den Zahnradabschnitt Blankenstein – Tanne mit 60 ‰ Steigung. Dafür wurden fünf Lokomotiven von der Maschinenfabrik Esslingen als C1' n2(4) nach dem System Abt für eine dreilamellige Zahnstange geliefert. Diese Zahnradlokomotive blieb die einzige ihrer Art in Deutschland. Die anderen, nachfolgenden Bahnen hatten nur zweilamellige Zahnstangen. Abt arbeitete mit Riggenbach eng zusammen und kannte die Vor- und Nachteile dieses Systems. Er entwarf mit seinen Lokomotiven ein Antriebsorgan mit zwei völlig voneinander getrennten Antriebsmechanismen. Es lag der Gedanke zugrunde, bei einer kombinierten Lokomotive nicht die gesamte geforderte Zugkraft dem Zahnradantrieb zu überlassen, sondern die Zugkräfte der Reibungsräder mit in Anspruch zu nehmen und nicht darauf zu verzichten.

Die Lokomotiven hatten einen außenliegenden Rahmen, System Hall, außenliegende Zylinder für die Reibungsmaschine mit außenliegender Allan-Steuerung. Der hinten überragende Rahmen wurde durch eine Bissel-Achse unterstützt. Diese Anordnung ermöglichte bei einem kleinen feststehenden Radstand einen langen Gesamtachsstand und damit einen ruhigen und sicheren Lauf, wodurch die Schienen geschont wurden. Der Kessel war mit Rücksicht auf die gute Zugänglichkeit zu den Triebwerken der Zahnradmaschine auf eine Höhe von 2160 mm Kesselmitte über Schienenoberkante gebracht.

Die Zahnradachsen, die die beiden Zahnräder trugen, waren in einem besonderen Innenrahmen gelagert, getragen von der ersten Kuppelachse und der Triebachse. Durch diese Anordnung war der Eingriff der Zahnräder in die Zahnstange stets konstant und unabhängig vom Federspiel, was bei Riggenbach nicht möglich war. Bei Abnutzung der Treibräder wurden die Zahnräder einfach durch Beilagen in den Lagern des Innenrahmens eingehoben. Die Zahnräder bestanden nicht aus einem Stück, sondern aus drei Zahnscheiben, die jeweils um ein Drittel der Teilung versetzt zusammengefügt waren. Zusammengehalten wurden diese durch acht starke Bolzen mit den links und rechts angeordneten Bremsscheiben, welche ihrerseits auf die Zahnradachsen aufgekeilt waren. Die vordere und hintere Zahnradgruppe waren zueinander wieder um eine halbe Teilung versetzt angeordnet, so dass jede sechstel Teilung = 20 mm ein neuer Zahn zum Eingriff kam.

Der Innenrahmen, bestehend aus 30 mm dicken, querversteiften Blechen, war auf die Endtriebachsen aufgehängt. Die beiden Zahnräder waren untereinander auf normale Art gekoppelt.

Eine Besonderheit des Abt'schen Systems war die Zwillingsdampfmaschine für den Zahnradantrieb. Die beiden Dampfzylinder befanden sich unter der Rauchkammer am Hauptrahmen befestigt. Beide Zylinder waren mit der Ausströmung und einer Verbindung zu einem Gussstück vereinigt, was eine gute Verteilung des Hauptrahmens bildete. Die bewegende Kraft wurde durch Schwinghebel und Treibstangen auf die Kurbeln des hinteren Zahnrades und von diesem durch Kuppelstangen auf die Kurbeln des vorderen Zahnrades übertragen. Eine besondere Blind-

Zahnstange Riggenbach-Bissinger in der Montage

welle, die im Hauptrahmen gelagert war, trug die Schwinghebel.

Bei später gebauten Lokomotiven wurde ein größerer Teilkreisdurchmesser gewählt, wodurch diese Zwischenübersetzungen, die viel Unterhalt benötigten, wegfielen.

Weil auf das Bremsen von Zahnradlokomotiven ganz besonderen Wert gelegt wurde, waren vier voneinander unabhängige Bremssysteme vorgesehen:

- eine Spindelbremse als Klotzbremse für die Kuppelradsätze,
- beide Zahnräder waren auf jeder Seite mit einer rillenförmigen Bremsscheibe ausgestattet,
- beide Zylinderpaare (Reibungs- und Zahnradmaschine) erhielten je eine Riggenbach'sche Gegendruckbremse, früher auch als Luftbremse oder Repressionsbremse bezeichnet,
- als Wagenzugbremse, anfänglich Heberlein'sche Seilzugbremse, später Luftdruckbremse oder Hardy-Luftbremse.

Die damals ersten Adhäsions- und Zahnradlokomotiven waren ein kleines Wunderwerk der Technik des vorletzten Jahrhunderts im letzten Jahrtausend. Im Betriebseinsatz wurden geringe Änderungen vorgenommen und im Bahnbetrieb bewährten sie sich sehr gut. Insgesamt wurden bis 1907 elf Lokomotiven beschafft, die in späterer Zeit die Bezeichnung T26 erhielten. Alle hatten von Anfang an außer ihrer Nummer auch einen Namen. Ausgeschieden wurden fast alle Lokomotiven dieser Bauart im Laufe der Jahre um 1920.

Für den Betrieb der Bahnstrecke Freiburg – Hirschsprung – Hinterzarten – Titisee – Neustadt, der sogenannten Höllentalbahn, beschaffte die Badische Staatsbahn in den Jahren 1886/87 fünf Lokomotiven, weitere zwei folgten 1888 als C n2(4)-Reibungs- und Zahnradlokomotiven der Gattung IXa, gebaut von der Maschinenbau-Gesellschaft Karlsruhe. Auf dem 6525 m langen Zahnstangenabschnitt Hirschsprung – Hinterzarten betrug die Steigung 56 ‰. Die Zahnstange wurde nach Bissinger ausgeführt, eine Verbesserung der von Riggenbach. Auf dieser Strecke wurden die Züge gezogen und nicht geschoben, vorgesehen wurde eine Leistung, um ein Zuggewicht von 100 t mit 10 km/h zu befördern.

Das Reibungstriebwerk entsprach nach Allan mit einschieniger Gleitschiene, die Flachschieber waren geneigt. Die Übertragung der Kraft von den Zahnradzylindern auf die Zahnräder ist bei dieser Größe der Lokomotive nicht so einfach. Die Zahnräder bzw. ihre Achsen sind nicht nach dem von Klose zuerst angegebenen Gedanken im Hauptrahmen zu lagern, sondern in einem besonderen, kleinen Rahmen, der ohne Zwischenschaltung von Federn auf die Achsen der Treibräder gelegt ist, damit der Eingriff der Zahnräder stets gleichmäßig erfolgen kann.

C n2(4)-Zahnradtenderlokomotive, Gattung IXa, Höllentalbahn, Badische Staatsbahn von 1886, gebaut von der Maschinenbau-Gesellschaft Karlsruhe

1'C n2(4v)-Zahnradtenderlokomotive, Klasse Fz, Nr. 691 (591) „Achalm", der Württembergischen Staatsbahn, am unteren Ende der Steigungsstrecke in Honau, um 1894, gebaut von der Maschinenfabrik Esslingen

Die Verbindung des tiefliegenden Treibzahnrades mit dem hochgelegenen Zylinderpaar ist durch Einschaltung eines Paares von Schwingen bewirkt, wie sie von Belpaire und Brown bei gewöhnlichen Lokomotiven angewandt wurde. Diese Schwingen werden durch die Anordnung von ungleichen Hebelarmen zugleich benutzt, um eine höhere Kolbengeschwindigkeit und kleinere Zylinder zu erhalten, als sich bei unmittelbarer Verbindung ergeben würden. Die beiden Zahnräder lagen hintereinander in einem eigenen Hilfsrahmen zwischen den Achsen. Sie wurden nicht im Hauptrahmen gelagert, damit bei abnehmender Abnutzung der Reibungsreifen die Zahnradachsen in die Höhe gerückt werden konnten, so dass die Höhe des Zahnradmittelpunktes über die Zahnstange immer gleich gehalten werden konnte. Somit war die Sicherheit des Eingriffs der Zahnräder in die Zahnstange stets gewährleistet.

Das zweite Zahnrad diente als Rückhalt, falls am ersten Zahnrad bzw. an den von ihm erfassten Zähnen der Zahnstange ein Bruch stattfinden sollte.

Zum Bremsen waren drei Arten vorgeschrieben: Luftgegendruckbremse, Schmid'sche Schraubenrad-Bremse, sowie Klotzbremse. Luftbremsen gab es zu dieser Zeit noch nicht.

Als die erste Zahnradlokomotive im Mai 1887 die Bergstation erreichte, wurde sie mit einem Gedicht eines „posta non laureatus" empfangen:

Keuchend, schnaubend geht's bergan,
Mit des Dampfross' Räderzahn,
Hat gewonnen es die Höh',
Tun die Zähn' ihm nicht mehr weh.

Die sieben Lokomotiven der Gattung IXa versahen ihren Dienst bis 1910, um danach als Rangierlokomotiven zu arbeiten.

Zur Überwindung der Steilstrecke an der Schwäbischen Alb gab es an der Strecke Reutlingen – Münsingen zwischen Honau und Lichtenstein die 1,79 km lange Zahnradstrecke mit gleichmäßiger Neigung von 1:100 ‰ (1:10). Bei der Zahnstange wurde das System Bissinger-Klose angewandt, einer Leiterzahnstange mit trapezförmigen Zähnen. Im Jahre 1893 lieferte die Maschinenfabrik Esslingen die ersten vier 1'C n2/4v-Zahnrad-Dampflokomotiven mit Namen und Nummern ab. Sie erhielten die Klassenbezeichnung Fz.

1'C n2(4v)-Zahnradtenderlokomotive, Klasse Fz, Nr. 592, mit Verbindungsrohr zwischen den Dampfdomen, gebaut von der Maschinenfabrik Esslingen, aufgenommen in Honau 1911 Foto: Feißel, Slg. Spielhoff

Zur Eröffnung der Murgtalbahnstrecke Rastatt – Freudenstadt kamen für den Zahnstangenabschnitt Klosterreichenbach – Freudenstadt von 1899 bis 1904 weitere fünf Fz-Lokomotiven hinzu. Diese Strecke hatte eine maximale Steigung von 50 ‰.

Eine Lokomotive dieser Bauart wurde 1900 auf der Weltausstellung in Paris gezeigt und fand vielseitige Beachtung.

Äußerlich unterschieden sich die Lieferungen von 1893 von denen der Jahre 1899/1904 durch die Verbindungsrohre zwischen den Dampfdomen, denn die zuerst gelieferten hatten keine Verbindungsrohre.

Bei den Lokomotiven der Klasse Fz war erstmals das Triebwerk für Reibungs- und Zahnradbetrieb getrennt ausgeführt. Das äußere Reibungstriebwerk arbeitete auf die mittlere der drei gekuppelten Achsen. Die beiden inneren Zahnradzylinder befanden sich um den halben Kolbenhub nach vorn versetzt zwischen den beiden Außenzylindern. Um die Innenzylinder waagrecht anordnen zu können und um mit den Treibstangen der Achswelle der vorderen Kuppelachse aus dem Arbeitsbereich zu gehen, griffen die inneren Kolbenstangen an Ellipsenlenkern an, die von hinten an die Treibstangen angelenkt waren, die eine Blindwelle der vorderen Kuppel- und Treibstange angetrieben haben.

Im Reibungsbereich arbeiteten nur die beiden Außenzylinder mit einstufiger Dampfdehnung. Auf der Zahnstange wurde das Innentriebwerk zugeschaltet und konnte dabei sowohl als Vierling als auch als Vierzylinder-Verbundtriebwerk arbeiten. In diesem Fall waren die Zylinder der Reibungsmaschine als HD-, die der Zahnradmaschine als ND-Zylinder geschaltet. Zu diesem Zweck war eine Umschaltvorrichtung eingebaut. Die Verbundwirkung war durch den schnellen Lauf der Zahnradmaschine möglich, wodurch das Volumenverhältnis auf 1:2 gebracht wurde. Alle vier Zylinder hatten den gleichen Durchmesser.

Die Lokomotiven waren mit vier Bremssystemen sowie einem fünften System für den Wagenzug ausgerüstet:

1. der Handbremse, die auf die 2. und 3. Kuppelachse und auf die Bremsscheiben wirkte, die auf die Blindwelle des Zahnradtriebwerkes aufgekeilt war,
2. einer geschwindigkeitsabhängigen und auf das hintere Triebzahnrad wirkenden Sicherheitsbremse,
3. der Westinghouse-Druckluftbremse,
4. der Riggenbach-Gegendruckbremse für Reibungs- und Zahnradbetrieb,
5. der Heberlein-Seilzugbremse für den Wagenzug.

Für den Zahnradbetrieb galten ganz besondere Sicherheitsvorschriften. Wöchentlich mussten zwei Probefahrten mit Bremsprüfung vorgenommen werden, wobei alle Systeme mit einem Wagenzug zum Stehen gebracht werden mussten.

Die vier Honauer Lokomotiven wurden 1923 von der neuen, stärkeren Lokomotive 97^5(Hz) abgelöst und standen bis zur Ausmusterung in Reserve. Die in Freudenstadt befindlichen wurden 1937 durch die preußische Tenderlokomotive $T16^1$ mit Riggenbach-Gegendruckbremse abgelöst, die die Strecke nur mit Reibungsbetrieb bewältigte. Die Zahnstange wurde ausgebaut.

Die Preußische Staatsbahn beschaffte ab dem Jahr 1902 für ihre sechs Zahnradstrecken 30 C1' n2(4)-Zahnradlokomotiven nach System Abt, nur zweilamellig, Gattung T26, die ersten drei der Bauarten Esslingen mit flachem Führerhausdach und Dampfdom auf dem vorderen Kesselschuss, 27 weitere der Bauart Borsig mit hochgewölbtem Führerhausdach und Dampfdom auf dem mittleren Kesselschuss. Die letzten wurden noch bis 1919 geliefert. In ihren Abmessungen waren alle gleich.

Die Lokomotiven der Gattung T26 waren kurze, gedrungene Dreikuppler mit einer Schleppachse, erkennbar an dem verhältnismäßig großen, gewölbten Tonnendach der Borsig'schen Ausführung. Das Zahnradtriebwerk wurde von den Innenzylindern angetrieben und bestand aus zwei Zahnradachsen, von denen jede zwei Zahnräder trug. Die Zahnräder waren so angeordnet, dass die 16 Zähne des einen Zahnrades die Lücken des anderen deckten. Die Zahnräder der hinteren Achse waren um 30 mm versetzt, so dass bei einer Umdrehung 72 Zähne eingriffen. Beim Einfahren in die Zahnstange musste sehr behutsam vorgegangen werden. Diese Ein- und Ausfuhrenden waren abgefedert und wurden vom Zahnradtriebwerk niedergedrückt. Wenn der Eingriff nicht sofort erfolgte, kam das bekannte Klacken, bis die Zahnräder in die Zahnlücken einsprangen.

Die Ausführung des Zahnradtriebwerks war die gleiche wie bei den ersten Zahnradlokomotiven der Harzbahn. Die Zahnradachswellen befanden sich in einem innenliegenden Stahlgussrahmen gelagert, der ungefedert den beiden Kuppelachsen auflagerte. Die Zahnradmaschine war von der Reibungsmaschine unabhängig, jedoch in der Umsteuerung mit ihr verbunden. Vorhanden war ein Doppelregler, einer für die Reibung und einer für die Zahnradmaschine.

C1' n2(4)-Zahnradtenderlokomotive, Gattung T26, Nr. 9005, Mainz, Bauart Borsig

C1' n2(4)-Zahnradtenderlokomotive, Gattung T26, mit DRG-Nr. 97 026, Bauart Borsig Foto: Bellingrodt, Slg. Spielhoff

Vom Lokführer erforderte es besonderes Geschick, bei der Einfahrt in die Zahnstange beide Triebwerke synchron zu fahren.

In den Jahren 1923 bis 1931 schieden alle Zahnradlokomotiven aus dem Betriebsdienst aus, die Zahnstangen wurden abgebaut und den Betrieb übernahmen die Tenderlokomotiven der Bauart T16[1] als Reibungslokomotiven. Teilweise wurden auch die T20-Lokomotiven eingesetzt.

Die Badische Staatsbahn musste sich im Jahre 1901 für eine größere Anhängelast und höhere Zuggeschwindigkeiten eine stärkere Reibungs- und Zahnradlokomotive beschaffen. Die bisherigen Lokomotiven der Gattung IXa waren für den gesteigerten Zugbetrieb zu schwach geworden. Die Strecke hatte den Nachteil, dass der Achsdruck von 14,3 t aufgrund des schwachen Oberbaus nicht erhöht werden konnte, so wie beim Ravenna-Viadukt mit 222 m Länge und 37 m Höhe, der damals in Stahlkonstruktion im Bogen zum Berg hin verlief. Der geradlinige Ausbau erfolgte erst in den Jahren 1926/28 in Granit-Bauweise. Es wurden im Jahre 1910 vier neue C1' n2(4v)-Zahnradlokomotiven als Gattung IXb von der Maschinenfabrik Esslingen beschafft, 1921 folgten nochmals weitere drei. Die geforderte Leistung mit 150 t Anhängelast war vorgegeben im Reibungsbetrieb mit 45 km/h, auf der Zahnstange mit 10 km/h, gezogen oder geschoben. Die ersten vier Lokomotiven erhielten einen Glench-Gölsdorf-Überhitzer, der sich nicht bewährte und 1916 wieder ausgebaut wurde. Die Lokomotiven blieben als Nassdampf in Betrieb.

Die Reibungs- und Zahnradmaschinen hatten gleich große Zylinder aus zwei Gussstücken, die miteinander verschraubt waren und gleichzeitig als Rauchkammerträger dienten. Die Zylinder der Reibungsmaschine arbeiteten in Zwillingswirkung auf die zweite Kuppelachse, wenn die Lokomotive im Reibungsbetrieb fuhr. In der Zahnstange wurde in Verbundwirkung gearbeitet, wobei die außenliegenden Zylinder der Reibungsmaschine als HD-, die darüberliegenden der Zahnradmaschine als ND-Zylinder arbeiteten. Die ND-Maschine übertrug über eine Vorgelegewelle durch Zahnräder das Drehmoment auf das Treibzahnrad. Durch die Einschaltung eines Vorgeleges in den Zahnradantrieb ergab sich annähernd die doppelte Kolbengeschwindigkeit und damit eine höhere Blasrohr- und Kesselleistung.

Das Treibzahnrad befand sich in einem besonderen Rahmen, auf der ersten Kuppelachse und der Treibachse gelagert. Dieser Rahmen war senkrecht in drei Punkten abgestützt und übertrug die waagrech-

C1′ n2(4)-Zahnradtenderlokomotive, Gattung IXb^{1}, Nr. 739, der Badischen Staatsbahn, gebaut von der Maschinenfabrik Esslingen

Antriebszahnrad zwischen erster Achse und Treibachse, Gattung IXb^{1} der Badischen Staatsbahn

ten Kräfte in zwei Punkte. Der gabelförmige Rahmen des Treibzahnrades umschloss mit zwei festen Lagern die Treibachse und mit einem im Rahmen längs und quer verschiebbaren Kugellager die erste Kuppelachse. Diese Konstruktion wurde bei dieser IXb erstmals und der ME patentiert. Somit wurde die bisherige Vierpunktlagerung mit ihren Nachteilen vermieden.

Die umlaufenden Triebwerksmassen der Zahnradmaschine waren an den Kurbeln der Vorgelegewelle fast vollständig ausgeglichen.

Als Bremsen hatte man die selbsttätige und nicht selbsttätige Druckluftbremse Bauart Westinghouse für die Kuppelradsätze, die Riggenbach-Gegendruckbremse für Kuppelradsätze und Triebzahnrad und die Wurfhebelbremse für alle Kuppelradsätze.

Im Betrieb liefen die Zahnradlokomotiven am Schluss des Zuges, schoben also bergwärts nach. Selten war der Einsatz als Zuglokomotive. Talwärts wurden nur Güterzüge mit der Zahnradlokomotive bespannt, Personenzüge nur in Ausnahmefällen. Als Schublokomotive wurden Güterzüge mit 140 t und Personenzüge mit 115 t gefahren.

Als im Jahre 1932/33 die 1'E1' h3-Einheitslokomotiven der Baureihe 85 kamen und der Ravenna-Viadukt fertig war, bedeutete dies das Ende der Gattung IXb.

Für die Strecke Erlau (bei Passau) – Wegscheid mit dem 6,2 km langen Zahnstangenabschnitt Übernzell und Wegscheid mit Neigung von 70 ‰ beschaffte die Königliche Bayerische Staatsbahn 1912 drei Zahnradlokomotiven C1' h2(4v) der Gattung PtzL$^{3}/_{4}$, eine weitere folgte 1923. Diese Zahnstangen wurden nach dem System Strub ausgeführt und waren die einzigen ihrer Bauart in Deutschland.

In ihrem Aussehen ähnelten die PtzL$^{3}/_{4}$ denen der badischen IXb^{1}, allerdings wurden diese von Krauss in München gebaut.

Die Lokomotiven besaßen ein außenliegendes Triebwerk für den Reibungsbetrieb und ein innenliegendes für den Zahnstangenbetrieb. Die Zylinder des Zahnradtriebwerks befanden sich über dem Reibungstriebwerk. Alle Zylinder waren nach hinten unten geneigt. Diese Anordnung war bei Zahnradlokomotiven selten. Zwischen der ersten und zweiten Kuppelachse befanden sich zwei Triebzahnräder in einem besonderen Rahmen innerhalb des Hauptrahmens fest gelagert. Der Rahmen für die Zahnräder stützte sich auf Lagern der ersten und zweiten Kuppelachse ab. Die Triebzahnräder wurden durch zwei darüber gelagerte und miteinander gekuppelte Zahnräder angetrieben. Die Kurbelscheiben und Treibstangen verbanden diese Zwischenzahnräder mit den Zylindern. Das Übersetzungsverhältnis der Zahnräder betrug 1:2, wie auch das Zylinderverhältnis der HD- und ND-Zylinder.

Im reinen Reibungsbetrieb arbeitete das HD-Triebwerk im Zwillingsbetrieb. Das Zahnradtriebwerk wurde über Drehschieber, die den HD-Zylinderab-

C1' n2(4)-Zahnradtenderlokomotive, Gattung IXb^{2}, mit DRG-Nr. 97 253, gebaut von der Maschinenfabrik Esslingen

Foto: Bellingrodt, Slg. Spielhoff

C1′ h2(4v)-Zahnradtenderlokomotive, Gattung PtzL$^{3}/_{4}$, Nr. 4102 der Bayerischen Staatsbahn, gebaut von Krauss, München

dampf in die ND-Zylinder leiteten, zugeschaltet. Ein Betrieb als Vierzylindermaschine war ebenfalls möglich. Vorhanden war eine Heusinger-Steuerung, deren Umsteuerung miteinander verbunden war.

Die 1923 nachgelieferte Lokomotive unterschied sich kaum von ihren Vorgängerinnen, aber sie hatte andere Zylinder und eine andere Heiz- und Rostfläche, sie war leistungsfähiger. Die Änderungen waren erforderlich, weil die ersten in der Steigung fast an ihre Leistungsgrenze kamen.

Als Bremsen waren die Druckluftbremse Bauart Westinghouse, die Riggenbach-Gegendruckbremse, Klotzbremse für Triebzahnräder und eine Wurfhebel-Handbremse vorhanden.

Mit dem Einsatz von Schienenbussen auf der Zahnradstrecke wurden sie 1963 ausgemustert und verschrottet.

Nachdem die Zahnradlokomotiven der Harzbahn fast 30 Jahre alt wurden, unternahm man in der Zeit des Ersten Weltkrieges verschiedene Versuchsfahr-

C1′ h2(4v)-Zahnradtenderlokomotive, Gattung PtzL$^{3}/_{4}$, mit DRG-Nr. 97 102, gebaut von Krauss, München

Foto: Maey, Slg. Spielhoff

1'E' h2-Güterzugtenderlokomotive der Harzbahn, „Tierklasse", mit ausgebauter Zahnradbremse, gebaut von Borsig, Berlin.
Foto: Bellingrodt, Slg. Spielhoff

ten, auch mit der preußischen T16 zum Bau einer leistungsfähigen neuen Lokomotive, denn die Entwicklung für schwere Lokomotiven ging in dieser Zeit sehr rasch voran. So erhielt die Fa. Borsig den Auftrag zur Entwicklung einer schweren 1'E1' h2-Lokomotive mit größeren Zylindern, einem leistungsfähigen Kessel und einem Zahnradbremsgestell, denn die Entwicklung der Kunze-Knorr-Bremse und eines Druckluft-Sandstreuers waren dafür am besten geeignet. Nachdem die ersten 1'E1' h2 im Februar 1920 von Borsig an die Harzbahn abgeliefert und dort als „Tierklasse" bezeichnet wurden, fanden umfangreiche Versuche auf den Zahnstangenstrecken statt, die, was die Leistung betrifft, so positiv verliefen, dass sie selbst die T16 noch übertrafen. Die Zahnradbremsgestelle wurden daraufhin ausgebaut.

Mit diesen neuen Lokomotiven, denen noch zwei weitere folgten, konnte auf der Zahnstangenstrecke der Harzbahn der Reibungsbetrieb eingeführt werden und die Zahnstangen wurden entfernt. Daraufhin wurden bei der Preußischen Staatsbahn auf den Strecken mit Zahnstange mit einer Lokomotive der Harzbahn ebenfalls Versuche durchgeführt, die ebenso positiv verließen, dass auch dort durch den Einsatz von T16-Lokomotiven der Achsanordnung E h2 im Lauf der Jahre die Zahnstangen entfernt wurden.

Um den gestiegenen Verkehrsanforderungen auf den Strecken mit Zahnstange bei den preußischen Bahnen nachkommen zu können, war der Ruf nach einer leistungsfähigen Zahnradlokomotivbauart laut geworden. Borsig stellte aufgrund der Erfahrung mit der neuen Zahnradlokomotive bei der Harzbahn eine Zahnradlokomotive 1'D1' h2(4v) als neue Gattung T28 für das vorhandene System Abt vor.

Vorhanden war ein Vierzylinder-Heißdampf-Verbundtriebwerk mit außenliegenden, waagrecht übereinander angeordneten Zylindern. Die HD- und ND-Zylinder hatten gleiche Durchmesser, denn nach Erfahrung von Klose können bei entsprechender Zahnradübersetzung die Zylinder von Reibung und Zahnradmaschine gleich groß sein. Der Zahnradkasten, in dem sich das Getriebe befand, stützte sich auf den Achsen der ersten und dritten Kuppelachse ab. Die beiden Triebzahnräder waren hintereinander angeordnet und griffen zwischen erster und zweiter sowie zweiter und dritter Kuppelachse in die Zahnstange. Um die Triebzahnräder unterzubringen, wurde der Achsstand der Kuppelachsen unterschiedlich größer gewählt, und zwar zwischen der ersten bis zweiten, zweiten bis dritten und dritten bis vierten. Das Zahnradtriebwerk wurde durch zwei über Kuppelstangen verbundene Antriebswellen mit Kurbelscheiben angetrieben, deren hintere mit dem ND-Triebwerk verbunden waren.

Ein Umstellschieber zwischen beiden Zylinderblöcken gestattete die Arbeit beider Triebwerke in Zwillings- und Verbundwirkung. Bei einem Reibungsbetrieb arbeiteten nur die HD-Zylinder, mit dem Anstellen der Riggenbach-Gegendruckbremse bei Talfahrten. Es konnten bei dieser Konstruktion die Triebwerke gleichzeitig umgesteuert werden.

Auffallend waren bei dieser Lokomotive die hohe Lage des Belpaire-Kessels, der Barrenrahmen sowie der damals neue Baustil.

Abgebremst wurde mit der Einkammerdruckluftbremse Bauart Knorr mit Zusatzbremse. Einseitige Abbremsung der zweiten und dritten Kuppelachse von vorn, Riggenbach-Gegendruckbremse, handbetätigte Rillenhandbremse für das Zahnradtriebwerk und Wurfhebel-Handbremse.

Die Lokomotive kam im Frühjahr 1922 zu den ersten Probefahrten auf verschiedene Strecken, verblieb dann etwa zehn Jahre auf der Westerwaldstrecke Linz (Rhein) – Seifen. Abgelöst wurde sie von der Reibungslokomotivbauart T16^1 (Baureihe 94$^{5-17}$), die alle Zahnradbahnstrecken übernahm.

Die T28 blieb ein Einzelstück und wurde 1929 von der DRG verkauft. Danach hatte sie eine wechselvolle Geschichte bei verschiedenen Privatbahnen, bis sie 1949 zur Deutschen Reichsbahn kam, die sie 1954 wegen Unrentabilität ausmusterte.

Professor Nordmann, der Versuchsdezernent des Reichsbahn-Zentralamtes, charakterisierte die T28 als der „Tierklasse" der HBE (1'E1' h2) unterlegen, sonst aber als wohl gelungen. Sie war bei ihrer Indienststellung bereits überholt.

Anders verlief die Entwicklung der letzten Zahnradlokomotive in Württemberg, denn dort waren die Fz auch nicht mehr zeitgemäß für den aufkommenden Verkehr und sehr verschleißanfällig. Es wurde 1921 eine neue Zahnradlokomotive der Klasse Hz (DRG-Baureihe 97^5) als E h2(4v)t von der RBD Stuttgart und der Maschinenfabrik Esslingen entwickelt und gebaut. Die Strecke Klosterreichenbach – Freudenstadt wurde auf Reibungsbetrieb umgestellt. Dagegen konnte die Steilstrecke Honau – Lichtenstein ohne Zahnstange nicht auskommen. Auch dort wurden im Oktober 1923 zahlreiche Versuche mit der T16^1 und der T20 mit ihrem großen Achsdruck unternommen; die Loks blieben aber stehen, weil sie überfordert waren. Dagegen konnte die neue Hz die Versuche auf der Talfahrt mit 125 t einwandfrei durchfahren. Die Bauart Klose mit zwei auf den Achsen angeordneten Zahnrädern und dem Antrieb durch ein

1'D1' h2(4v)-Zahnradtenderlokomotive, Gattung T28, Nr. 9101, gebaut von Borsig, Berlin,1922

E h4v-Zahnradtenderlokomotive, Klasse Hz, mit DRG-Nr. 97 502, gebaut von der Maschinenfabrik Esslingen

gemeinsames Ritzel schied wegen deren Nachteile aus. Man entschied sich für eine Dreipunktlagerung wie bei der badischen IXb-Lokomotive. Das Triebzahnrad wurde verspannungsfrei in einem besonderen Rahmen gelagert, der auf den Achslagern der Treibachse und in der Mitte der zweiten Kuppelachse auflagerte. Die Achswelle des Triebzahnrades war bis zum Hauptrahmen durchgeführt, um waagrechte Zug- und Stoßkräfte von den Treibachslagern fernzuhalten.

Alle vier Zylinder hatten den gleichen Durchmesser. Die oberen Zylinder des Zahnradantriebs, deren Übersetzung zwischen 1:2 und 1:2,5 lag, arbeiteten über das Vorgelege auf das Triebzahnrad, wobei sich

E h4v-Zahnradtenderlokomotive, Klasse Hz, mit DRG-Nr. 97 504, abgestellt in Horb am 21. März 1971

in der Zeiteinheit das für die Verbundwirkung benötigte Volumenverhältnis zwischen HD- und ND-Teil ergab. Die Reibungszylinder befanden sich außen waagrecht am Rahmen angeflanscht, die darüber liegenden, geneigten Zahnradzylinder waren mit dem Rauchkammersattel aus einem Gussstück, das auch die Verbindung zwischen HD- und ND-Druckstufe bildete und den Umschaltschieber für die verschiedenen Funktionen des Triebwerkes.

Als Bremsen waren die gleichen vorhanden wie bei den vorgenannten Zahnradlokomotiven.

Die Hz-Lokomotiven bewährten sich im Betriebsdienst auf der Honauer Steige sehr gut und brachten die von Ihnen erwarteten Leistungen. Gebaut wurden von der Hz bis 1925 vier Lokomotiven, die alle nach dem Zweiten Weltkrieg noch vorhanden waren, jedoch hatte eine einen Kriegsschaden. Mitte der Fünfziger Jahre erhielten drei Lokomotiven bei der Maschinenfabrik Esslingen eine Hauptuntersuchung mit Verbesserungen.

Im Jahre 1961 kamen die ersten Zahnrad-Schienenbusse zum Einsatz, die die Hz ablösten. Alle drei sind bis heute erhalten. Eine wird in Tübingen ohne den Zahnradantrieb aufgearbeitet, je eine ist im DGEG-Museum in Bochum-Dahlhausen und im Museum für Verkehr und Technik in Berlin.

Die einzige kombinierte Adhäsions-Zahnradbahn in Meterspur in Deutschland, die Brohltalbahn mit einer Streckenlänge von 23,83 km von Brohl nach Kempenich hatte auf dem Abschnitt Oberzissen – Engeln ab 1901 eine zweilamellige Zahnstange System Abt von 5,55 km und 1:20 Neigung, die 1934 wieder entfernt wurde.

Zunächst wurden 1900 von der Maschinenfabrik Esslingen zwei C1 n4-Tenderlokomotiven geliefert, 1913 kam eine weitere hinzu sowie zwei kleine B n2-Tenderlokomotiven von Winterthur.

Die kombinierten Zahnrad-Adhäsionslokomotiven von Esslingen hatten Außenrahmen mit vier Zylindern, von denen für den Reibungsbetrieb die beiden äußeren Zylinder auf die mittlere Kuppelachse wirkten, die inneren Zylinder auf die Treibzahnräder. Die Winterthurer hatten zwei Reibungstreibachsen, zwischen denen sich das Zahnrad befand, das über die gemeinsame Kuppelachse mit den Treibachsen verbunden war. Auf der vorderen Treibachse befand sich ein Bremszahnrad. Zum Bremsen gab es die Saugluftbremse, die Handbremse, die Bandbremse für die Zahnräder und bei den Esslinger Lokomotiven eine Gegendruckbremse.

Am Fuß der Honauer Steigung, eine der letzten Hz, die 97 504, mit einem Zahnrad-Schienenbus-Zug im Jahre 1961

Gemischte Zahnrad- bzw. Adhäsionsstrecken

Bahnstrecke	Erstes Betriebs-jahr	Strecken Länge Adhäsion Zahnrad km	max. Stei-gung %	Zahn-Stange System	Lokomotiven Bauart	Gattung	Baujahr	Hersteller	Stück-zahl	Bemerkungen
Blankenstein- Tanne (Harzbahn)	1885	23,0 7,5	25 60	Abt/3L	C1'n2(4)		1885/87	Esslingen	5	Nach 1920 Zahnstange entfernt, Adhäsionsbetrieb
					C1' n2(4)		1894/1907	Esslingen	6	
					D n2(4)		1914	Esslingen	1	
					1'E1' h2		1919	Borsig	2	Lok mit 2 hochstellbaren Bremszahnrädern, später ausgebaut
Freiburg-Neustadt (Höllentalbahn)	1886	27,8 7,3	25 56	Bissinger	C n2(4)	IXa	1886	Kessler Karlsruhe	7	1933 Zahnstange entfernt, Adhäsionsbetrieb
					C1' n2(4v)	$IXb^1(97^2)$	1909	Esslingen	4	Dampfbetrieb bis 1938
					C1' n2(4v)	$IXb^2(97^2)$	1921	Esslingen	3	1938 Elektr. EWStr. 20kV/50Hz
Reutlingen-Honau- Lichtenstein	1892	12,0 3,1	22 100	Klose	1'C n2(4v)	$Fz(97^3)$	1893	Esslingen	5	1962-1969 Betrieb mit Zahnradschienenbussen, 1969 Betrieb eingestellt
					E h2(4v)	$Hz(97^5)$	1923	Esslingen	4	
Waldenburg-Glatz (Eulengebirgsbahn)	1900	15,0 3,8	25 60	Abt/2L	C1' n2(4v)		1900	Esslingen	3	Nach 1926 Zahnstange entfernt, Adhäsionsbetrieb
Freudenstadt- Klosterreichenbach	1901	6,7 5,6	22 50	Klose	1'C n2(4v)	$Fz(97^3)$	1899/1904	Esslingen	5	Nach 1929 Zahnstange entfernt, 1935 abgebrochen, Adhäsionsbetrieb
Schleusingen- Ilmenau Thüringen	1902	25,1 6,3	25 60	Abt/2L	C1' n2(4)	T 26	1904	Esslingen	3	Nach 1926 Zahnstange entfernt, Adhäsionsbetrieb
					C1' n2(4)	T 26	1904	Borsig	3	
					1'D1' h2(4v)	T 28	1921	Borsig	1	
Görlitz-Krischa Oberlausitzer Kreisbahn	1904	20,8 1,6	25 46	Abt/2L	C n2(4)		1904	Esslingen	3	Nach 1926 Zahnstange entfernt, Adhäsionsbetrieb
Boppard-Kastellaun Rheinland	1907	31,4 5,6	20 60	Abt/2L	C1' n2(4)	T 26	1907	Borsig	2	Nach 1931 Zahnstange entfernt, Adhäsionsbetrieb
					C1' n2(4)	T 26	1919	Borsig	4	
Oberscheid-Wallau Hessen	1910	14,2 3,3	25 60	Abt/2L	C1' n2(4)	T 26	1910	Borsig	6	Nach 1923 Zahnstange entfernt, Adhäsionsbetrieb
Suhl-Schleusingen Thüringen	1911	14,3 1,5	31 67	Abt/2L	C1' n2(4)	T 26	1911	Borsig	6	Nach 1930 Zahnstange entfernt, Adhäsionsbetrieb
Linz-Seiten Rheinland	1911	23,0 9,0	25 55	Abt/2L	C1' n2(4)	T 26	1911	Borsig	7	Nach 1931 Zahnstange ent-fernt, 1965 Adhäsionsbetrieb
St. Andreas-Bahn Oberharz	1912	0,4 1,6	20 122	Abt/2L	C n2(4)		1912	Jung	2	1959 Strecke abgebrochen
Erlau-Wegscheid Niederbayern	1912	13,92 6,2	25 70	Strub	C1' h2(4v)	PtzL $^3/_4$	1910/12	Krauss	3	1965 Zahnstange 18 mm höher gelegt, VT97 1967 Strecke verschüttet, Betrieb eingestellt
					C1' h2(4v)	PtzL $^3/_4$	1924	Krauss	1	
Heiligenstadt- Schwerda Thüringen	1914	24,2 5,0	25 50	Abt/2L	C1' n2(4)	T 26	1912/16	Borsig	5	Zahnstange entfernt, Adhäsionsbetrieb bis ca. 1922
Brohl-Kempenich Rheinland Meterspur	1899	20,0 4,0	70 120	Abt/2L	C1' n2(4)		1899	Esslingen	2	Betrieb ca. 1934 eingestellt, durch Autobusbetrieb ersetzt
					B n2		1900	S.L.M.	2	
					C1' n2(4)		1913	Esslingen	1	

Henschel in aller Welt

Lokomotiven für ehemalige deutsche Kolonien

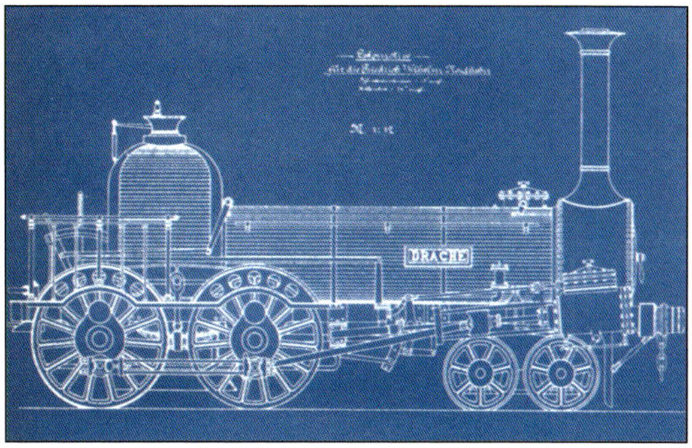

Die erste Henschel-Lokomotive, der „Drache", wurde am 29. Juli 1848 an die Hessische Friedrich-Wilhelm-Nordbahn geliefert

von Udo Bols

Henschel zählt zu den ältesten industriellen Unternehmungen Deutschlands. Der Ursprung geht bis ins 17. Jahrhundert zurück. 1810 wird als Gründungsjahr angesehen, weil damals der bis dahin im staatlichen Gießhaus in Kassel untergebrachte Betrieb in neuerrichtete eigene Werkstätten der Familie Henschel umzog.

Henschel war Anfang der 1930er Jahre die bedeutendste Lokomotivfabrik Europas und die drittgrößte der Welt. Rund 1200 Lokomotiven unterschiedlichster Art und Größe wurden damals jährlich gebaut.

Im Jahr 1931 veröffentlichte Henschel ein 160-seitiges Buch als Werbemittel, das die „Bedeutung und Leistungsfähigkeit unserer Lokomotivfabrik" dokumentieren sollte. Ein großer Teil des Buches zeigt die Lokomotiven, die ins Ausland geliefert wurden. Allein die grafische Gestaltung ist so gelungen, dass wir einen Auszug daraus präsentieren möchten.

Fabrik am Möncheberg in Kassel, errichtet 1837

Karl Anton Henschel (1780-1861)

DIE HENSCHEL & SOHN A.G.
IST DAS GRÖSSTE LOKOMOTIV-
LIEFERWERK DER DEUTSCHEN
REICHSBAHN-GESELLSCHAFT
76 1255
17 1138

ITALIEN
Aus unseren Vorlieferungen:
1876 Naßdampf-Zwilling-Tender-Lokomotive der Süd-italienischen Eisenbahnen
Rom. Römisches Forum. Bogen des Septimius Severus
1881 Naßdampf-Zwilling-Schnellzug-Lokomotive der Oberitalienischen Bahnen
1886 Naßdampf-Zwilling-Personenzug-Tender-Lokomotive der Sizilianischen Bahn

FRANKREICH
UND SEINE KOLONIEN
erhielten von uns im Laufe der Jahre über 470 Lokomotiven. In dieser Zahl sind unsere Lieferungen für die ehemaligen Reichseisenbahnen in Elsaß-Lothringen nicht eingeschlossen
Einige unserer Lieferungen für die ehemaligen Reichseisenbahnen in Elsaß-Lothringen:
1886 Naßdampf-Zwilling-Personenzug-Tender-Lokomotive
1887 Naßdampf-Zwilling-Güterzug-Tender-Lokomotive
1888 Naßdampf-Zweizylinder-Verbund-Personenzug-Tender-Lokomotive
Der Eiffelturm

CHINA
1906 Naßdampf-Zwilling-Personenzug-Tender-Lokomotive der Schantung-Eisenbahn
1909 Naßdampf-Zwilling-Personenzug-Lokomotive der Kiangsu-Bahn
1909 Naßdampf-Zwilling-Güterzug-Lokomotive der Schantung-Eisenbahn
1911 Naßdampf-Zwilling-Personenzug-Lokomotive der Tientsin-Pukow-Bahn (14 Stück)
Chinesische Pagode

SPANIEN

UND SEINE KOLONIEN

Cordoba

EINIGE UNSERER VORLIEFERUNGEN:

1903 Naßdampf-Vierzylinder-Verbund-Schnellzug-Lokomotive der Bahn Madrid, Saragossa und Alicante – 1676 mm Spur (70 Stück)

1909 Heißdampf - Zwilling - Güterzug - Lokomotive der Spanischen Nordbahn — 1676 mm Spur (20 Stück)

1907 Naßdampf-Zwilling-Güterzug-Lokomotive der Bahn Madrid, Saragossa und Alicante — 1676 mm Spur (35 Stück)

1913 Heißdampf-Zwilling-Schnellzug-Lokomotive der Spanischen Nordbahn — 1676 mm Spur (10 Stück)

TÜRKEI
1905 Naßdampf-Vierzylinder-Verbund-Schnellzug-Lokomotive der Bagdad-Bahn
1907 Naßdampf-Mallet-Vierzylinder-Verbund-Güterzug-Lokomotive der Hedschas-Bahn — 1050 mm Spur
1909 Heißdampf-Zwilling-Güterzug-Lokomotive — Wir lieferten je 15 Stück für die Anatolische Bahn und für die Bagdad-Bahn
1910 Heißdampf - Zwilling - Güterzug - Lokomotive der Orientalischen Eisenbahn - Gesellschaft
1916 Feuerlose Lokomotive für 600 mm
Ortakiöi-Moschee am Bosporus

DIE PHILIPPINEN
HENSCHEL-PLANTAGEN-LOKOMOTIVEN
HENSCHEL-NASSDAMPF-ZWILLING-TENDER-LOKOMOTIVE FÜR HOLZFEUERUNG — 600 mm Spur
Hauptabmessungen: Nr. 15 der Zahlentafel
HENSCHEL-NASSDAMPF-ZWILLING-HALBTENDER-LOKOMOTIVE FÜR HOLZFEUERUNG — 600 mm Spur
Hauptabmessungen: Nr. 133 der Zahlentafel
Im Palmenhain von Mindanao
HENSCHEL-NASSDAMPF-ZWILLING-HALBTENDER-LOKOMOTIVE FÜR HOLZFEUERUNG — 610 mm Spur
Hauptabmessungen: Nr. 183 der Zahlentafel

Weitere empfehlenswerte Bücher des Podszun-Verlags

Fordern Sie kostenlos und völlig unverbindlich unseren neuen Prospekt an mit Büchern über:

- Lastwagen
- Motorräder
- Autos
- Traktoren
- Feuerwehrfahrzeuge
- Lokomotiven
- Baumaschinen

Verlag Podszun-Motorbücher
Postfach 1525, D-59918 Brilon
Fax 02961 / 2508
Email info@podszun-verlag.de
www.podszun-verlag.de

144 Seiten, ISBN 3-86133-269-8
24 x 17 cm, Leinenbroschur
EUR 14,90

144 Seiten, ISBN 3-86133-306-6
24 x17 cm, Leinenbroschur
EUR 14,90

144 Seiten, ISBN 3-86133-287-6
28 x 21 cm, fester Einband
EUR 19,90

144 Seiten, ISBN 3-86133-319-9
28 x 21 cm, fester Einband
EUR 19,90

278 Seiten, ISBN 3-86133-281-7
28 x 21 cm, fester Einband
EUR 39,90

144 Seiten, ISBN 3-86133-328-7
28 x 21 cm, fester Einband
EUR 19,90

160 Seiten, ISBN 3-86133-296-5
28 x 21 cm, fester Einband
EUR 24,90

144 Seiten, ISBN 3-86133-325-2
28 x 21 cm, fester Einband
EUR 24,90

144 Seiten, ISBN 3-86133-324-4
28 x 21 cm, fester Einband
EUR 24,90

180 Seiten, ISBN 3-86133-327-9
28 x 21 cm, fester Einband
EUR 34,90

156 Seiten, ISBN 3-86133-292-2
28 x 21 cm, fester Einband
EUR 24,90

Constantza, Casino
RUMÄNIEN
Aus unseren Lieferungen für die Rumänischen Staatsbahnen
1890 Naßdampf-Zwilling-Güterzug-Lokomotive (10 Stück)
1909 Naßdampf-Zwilling-Güterzug-Lokomotive (20 Stück)
1894 Naßdampf-Zwilling-Gemischtzug-Lokomotive (20 Stück)
1910 Heißdampf-Zwilling-Güterzug-Lokomotive (27 Stück)